Lüneburger Geographische Schriften

Band 6

Stadtentwicklung und Denkmalpflege

Titelbild: ‚Auf dem Meere' in Lüneburg, September 2016; Carolin Stoeppel

© 2016 Institut für Stadt- und Kulturraumforschung (IfSK)
Leuphana Universität Lüneburg
Scharnhorststraße 1, 21335 Lüneburg

Überarbeitete Fassung der im Studiengang Kulturwissenschaften
am 17.08.2015 eingereichten Bachelorarbeit

Redaktion, Layout und Satz: Sabine Arendt, lektorat@sabinearendt.org

Kartographie: Antje Seidel, www.geonym.de

Herstellung und Verlag: BoD – Books on Demand, Norderstedt

ISBN 978-3-7412-9231-6

Bibliografische Information der Deutschen Nationalbibliothek: Die Deutsche
Nationalbibliothek verzeichnet diese Publikation in der Deutschen Nationalbi-
bliografie; detaillierte bibliografische Daten sind im Internet über www.dnb.de
abrufbar.

Lüneburger Geographische Schriften
Band 6

Carolin Stoeppel

Stadtentwicklung und Denkmalpflege
Einflüsse des Arbeitskreises Lüneburger Altstadt e. V.
auf die Entwicklung der historischen Altstadt Lüneburgs

Institut für Stadt- und Kulturraumforschung
Peter Pez (Hrsg.)

Lüneburg 2016

Inhalt

Vorwort

Es ist knapp 50 Jahre her, dass Altstadthäuser, ja Altstädte an sich als überkommen, rückständig, dem modernen Wohnstandard nicht angepasst und letztlich weithin als abrisswürdig angesehen wurden. In besonderem Maße galt das für die Westliche Altstadt von Lüneburg, weil salztektonische Senkungen und Verschiebungen des Untergrundes zu erheblichen baulichen Schäden geführt hatten. Die Nostalgiewelle hat es dann geschafft, binnen einer Dekade die gesellschaftliche Perspektive grundlegend umzukehren – das Alte galt plötzlich als heimelig, vielgestaltig, gerade nicht nur funktional und gerastert wie die moderne Architektur und deshalb als erhaltenswert. Bezogen auf Altstädte und ihre (Objekt- statt Total-)Sanierung wurde das Städtebauförderungsgesetz und die darin festgeschriebene staatliche finanzielle Förderung zum wohl wichtigsten Institutionalisierungselement dieses Umschwunges. Aber es waren nicht nur Bund, Länder und Kommunen, die fortan den Erhalt der historischen Substanz der Stadt- und Ortskerne verfolgten, sondern auch viele private Hausbesitzer/innen. Man darf wohl rückblickend feststellen, dass sie den neuen Trend früher als die Bau- und Stadtplanungsämter aufgriffen und selbst mitprägten. Nicht selten blieb dieser Vorsprung über lange Zeit erhalten, denn vielfach bemühten sich die Privatsanierer nicht nur um den Fassadenerhalt, sondern auch um die Wahrung oder Wiederherstellung des Inneren eines Gebäudes. Und sie taten dies in einer Weise, welche auf das jeweilige Gebäude und seine ganz spezielle Entwicklung individuell abgestimmt war, anstatt Lösungen zu bevorzugen, die lediglich einen Altstadt-Durchschnitt widerspiegeln oder womöglich sogar nur „auf alt getrimmt waren". Als eines von vielen Kuriosa mag dafür in den 1990er Jahren der Ansatz genannt sein, seitens der Stadtplanung in Lüneburg eine Altstadtlaterne Marke Düsseldorf einzuführen. Wenn, wie in Lüneburg oder auch in Lübeck, sich diese Privatsanierer in einem Verein oder einer Initiative zusammenschlossen, vermochten sie nicht nur stärker und mit öffentlicher Resonanz gegenüber der jeweiligen Kommune aufzutreten, sondern auch Finanzen zu bündeln, Kenntnisse auszutauschen, Hausmaterialien aus nicht zu verhindernden Abbrüchen zwecks Einsatz bei Renovierungen zu retten u. v. m. Bezogen auf die Laternenfrage gelang es, einen eigenen Lüneburger Typ zu recherchieren und ihn letztlich auch durchzusetzen.

Über viele kleine und auch größere Aktivitäten und Einflussnahmen hat die Privatsanierer-Bewegung es in Lüneburg – und ganz gewiss nicht nur hier – geschafft, den Erhalt des Stadtzentrums entscheidend mitzuprägen. Aber wie genau, in welchem Umfang, in welchen Arten und Aktionen das geschehen ist, welche Konflikte dabei mit Politik und Planung auszutragen waren, darüber gibt es meist nur mündliche Berichte und keine schriftliche und wissenschaftliche Bestandsaufnahme. Dies genau ist das Ziel und auch das Verdienst der vorliegenden Arbeit von Carolin Stoeppel, die mit einer umfangreichen, akribischen Recherche der Frage nachging, wie und wo der Arbeitskreis Lüneburger Altstadt seine „Erhaltungsspuren" im Stadtbild Lüneburgs hinterlassen hat. Möge die Studie inhaltlich und methodisch dazu anregen, dass auch andernorts das Wirken von Privatleuten im und für den öffentlichen Raum systematisch erfasst und ausgewertet wird, nicht allein, um die Akteure dadurch zu ehren, sondern vor allem, um aus den dabei zu registrierenden Erfahrungen zu lernen und die Einsicht zu vermitteln, dass Stadtgestaltung nicht allein eine Aufgabe institutionalisierter kommunaler Politik und Planung ist, sondern auf das Wirken vieler einzelner Personen für eine gute Bewältigung der Erhaltungsaufgabe angewiesen ist.

Peter Pez
Lüneburg, September 2016

1 Einleitung

1.1 Fragestellung

Lüneburg verzeichnet seit Jahren steigende Einwohnerzahlen (vgl. HANSE-STADT LÜNEBURG 2015b) und Gästeankünfte (vgl. LÜNEBURG MARKETING GMBH 2014). Der Stintmarkt mit dem Alten Kran und seinen Schiffen, das Salzmuseum, die mittelalterlichen Backsteinbauten und vor allem die Westliche Altstadt – sie alle sind bedeutende Sehenswürdigkeiten und tragen zur Beliebtheit der ehemaligen Hansestadt bei. Nur selten wird darauf hingewiesen, dass viele davon heute nicht oder nicht mehr existieren würden, wenn es den *Arbeitskreis Lüneburger Altstadt e. V.*, kurz *ALA*, und dessen Gründervater, Curt Helm Pomp, nicht gegeben hätte.

Die Prägung Lüneburgs durch den Verein geht dabei weit über die offensichtlichen Erhaltungs- und Restaurierungsmaßnahmen hinaus und umfasst zahlreiche zusätzliche Ebenen der Einflussnahme.

Die vorliegende Arbeit befasst sich unter dem übergeordneten Thema ‚Stadtentwicklung und Denkmalpflege‘ mit der Frage, inwiefern das Bürgerengagement des *Arbeitskreises Lüneburger Altstadt e. V.* die Entwicklung der historischen Altstadt Lüneburgs beeinflusst hat.

1.2 Wissenschaftliche Einordnung

Der *Arbeitskreis Lüneburger Altstadt e. V.* ist in der Lüneburger Bevölkerung nicht unbekannt und findet bei Bürgerversammlungen und Vorträgen zur Lüneburger Stadtentwicklung regelmäßig Erwähnung. Dennoch hat bisher – trotz der inzwischen über 40-jährigen Vereinstätigkeit – noch keinerlei systematische Auseinandersetzung mit dessen Geschichte oder Einflüssen auf die Entwicklung der historischen Altstadt Lüneburgs stattgefunden.

In letzter Zeit sind einige Publikationen unter Beteiligung von Mitgliedern des Vereins erschienen, die sich zumindest teilweise mit dieser Thematik auseinandersetzen. So wurde beispielsweise zum 80. Geburtstag Curt H. Pomps im Jahr 2013 ein Buch von Dr. Werner H. PREUSS[1] herausgegeben,

---

1   PREUSS, Werner H. (Hg.) (2013): ‚… danke, ich muss noch arbeiten!‘ Curt Helm Pomp. Ein Leben für den Denkmalschutz. Husum.

welches Beiträge von Weggefährten des Vereinsgründers enthält. Inzwischen gibt es auch ein von den Vorständen des *ALA* veröffentlichtes Buch über die historische Lüneburger Altstadt[2], das neben detaillierten Darstellungen wichtiger Bauwerke auch Informationen über den Verein und dessen Einflüsse enthält. Eine systematische und wissenschaftliche Aufarbeitung der Aktivitäten und Verdienste des *ALA* ist bisher allerdings – obwohl es an der *Leuphana Universität Lüneburg* bis vor kurzem im Bachelorstudiengang der Kulturwissenschaften die Vertiefung *Baukultur* gab[3] – unterblieben.

Die Gründung des *ALA* ist im Zusammenhang mit Stadtentwicklungskonzepten zu sehen, die nach dem Zweiten Weltkrieg in Westdeutschland entstanden sind und für die damalige Zeit typisch waren. Zum übergeordneten Thema der Stadtentwicklung und Denkmalpflege nach 1945 gibt es zahlreiche, unter anderem vom *Bundesamt für Bauwesen und Raumordnung* (BBR) und vom *Bundesministerium für Verkehr, Bau und Stadtentwicklung* (BMVBS) in Auftrag gegebene Veröffentlichungen. Im Gegensatz dazu ist das Thema Stadtentwicklung und Denkmalpflege in Bezug auf Lüneburg deutlich schlechter erforscht und dokumentiert. Ein in diesem Kontext sehr interessantes Werk ist das 2001 im Rahmen eines umfassenden Projekts entstandene und von Dr. Werner H. PREUSS herausgegebene Buch ‚Stadtentwicklung und Architektur – Lüneburg im 20. Jahrhundert'[4]. Es behandelt verschiedene Epochen des vergangenen Jahrhunderts und enthält zahlreiche Berichte von Zeitzeugen und Experten. Diese schließen jedoch aufgrund der Vielzahl von Autoren und der voneinander unabhängigen Texte nicht immer nahtlos aneinander an. Eine systematische Zusammenstellung der verschiedenen Lüneburger Stadtentwicklungskonzepte und -pläne der Nachkriegszeit liegt noch nicht vor.

Untrennbar mit den Stadtentwicklungskonzepten Lüneburgs verbunden sind die Auswirkungen von Senkungserscheinungen, die Mitte des 20. Jahrhunderts besonders stark ausfielen. Einer der wenigen Wissenschaftler, die

---

2   ARBEITSKREIS LÜNEBURGER ALTSTADT E. V. (Hg.) (2013): Lüneburg. Die historische Altstadt. Husum.

3   Die Vertiefung *Baukultur* wurde 2015 mit der Vertiefung *Kulturraumentwicklung* zur neuen Vertiefung *Stadt- und Kulturraumforschung* zusammengelegt.

4   PREUSS, Werner H. (Hg.) (2001): Stadtentwicklung und Architektur – Lüneburg im 20. Jahrhundert. Husum.

sich in letzter Zeit ausführlich mit dem Phänomen der Senkung in Lüneburg auseinandergesetzt haben, ist der an der *Johannes Gutenberg-Universität Mainz* tätige Professor für Geowissenschaften, Prof. Dr. Frank SIROCKO. Auf seiner Internetseite veröffentlichte dieser sehr detailliert seine im Rahmen eines Projekts gewonnenen Erkenntnisse (vgl. SIROCKO 2014). Interessant sind in Bezug auf das Thema Senkungsgebiet auch die Aufsätze von Dipl.-Ing. Werner-Axel HOFMANN (vgl. HOFMANN 1999; HOFMANN 2001), der von 1970 bis 1999 als technischer Angestellter im Baudezernat der Stadt Lüneburg für das Senkungsgebiet der Westlichen Altstadt zuständig war (vgl. PREUSS 2001a, 259).

Zur Abgrenzung der historischen Altstadt berührt die vorliegende Arbeit auch historische Grundlagen zur Siedlungsgeschichte. Wegweisend hierzu war eine im Jahr 1964 geschriebene und 1969 veröffentlichte siedlungsgeographische Untersuchung von Imme FERGER[5], allerdings stützt sie sich fast ausschließlich auf Erkenntnisse, die sich aus der Siedlungsstruktur ergeben. Tiefergehendes Wissen kann nur durch archäologische Ausgrabungen erreicht werden, welche derzeit jedoch noch nicht erfolgt zu sein scheinen.

1.3   Aufbau der Arbeit

Um die Einflüsse des *ALA* auf die Entwicklung der historischen Altstadt Lüneburgs zu untersuchen, werden im ersten Teil der Arbeit die zum Verständnis der Rahmenbedingungen und Stadtentwicklungskonzepte notwendigen Informationen aufgearbeitet.

Den Anfang dieser Arbeit macht Kapitel 2 mit dem allgemeinen Thema der Stadtentwicklung und Denkmalpflege nach 1945. Dabei wird in Kapitel 2.1 aufgezeigt, wie sich die diesbezügliche Situation in der Bundesrepublik auf gesetzlicher und praktischer Ebene darstellte und darstellt und welche Entwicklungen mit der Zeit eintraten und in den Fokus rückten. Anschließend werden in Kapitel 2.2 die diese Thematik berührenden Strukturen in der Lüneburger Stadtverwaltung näher betrachtet. Um den im Thema enthaltenen Begriff der ,historischen Altstadt' in Bezug auf Lüneburg zu konkretisieren sowie deren Grenzen darzustellen und zu begründen, wird

---

5   FERGER, Imme (1969): Lüneburg – Eine siedlungsgeographische Untersuchung. Bonn/
Bad Godesberg.

in Kapitel 3 auf die siedlungsgeographische Geschichte Lüneburgs eingegangen. In Kapitel 4 werden die Herausforderungen betrachtet, mit denen sich die Stadt nach dem Zweiten Weltkrieg konfrontiert sah, bevor Kapitel 5 die daraus resultierenden Stadtentwicklungskonzepte aufzeigt, die starken Widerstand hervorriefen und letztlich zur Entstehung des *ALA* beitrugen. Kapitel 6 setzt sich mit der Gründung des Vereins auseinander und erläutert dessen Ziele, Entwicklung und vor allem Aktivitäten.

Basierend auf den in diesen Kapiteln dargestellten Informationen widmet sich Kapitel 7 der eigentlichen Fragestellung. Dabei wird in Kapitel 7.1 zunächst beleuchtet, welche Stadtentwicklungskonzepte es zeitgleich zu den Aktivitäten des *ALA* gab. Diese sind insofern von Bedeutung, als dass auch sie größtenteils zum Ziel hatten, der Zerstörung der historischen Altstadt Einhalt zu gebieten. Kapitel 7.2 untersucht die Einflussnahme des *ALA* auf praktischer Ebene und schließt mit einer Visualisierung in Form einer kartographischen Darstellung ab. Kapitel 7.3 befasst sich mit der Einflussnahme des *ALA* auf politischer Ebene, die nicht ohne Weiteres im Stadtbild erkennbar und somit deutlich schwerer messbar ist, deswegen aber nicht weniger bedeutend ist. Kapitel 7.4 behandelt die Einflussnahme auf populärwissenschaftlicher sowie wissenschaftlicher Ebene, bevor Kapitel 7.5 die Einflussnahme auf handwerklicher Ebene darlegt. Das Fazit schließlich fasst die Erkenntnisse dieser Untersuchung zusammen.

2 Stadtentwicklung und Denkmalpflege nach 1945

2.1 Stadtentwicklung und Denkmalpflege auf Bundes- und Länderebene

2.1.1 Gesetzliche und organisatorische Grundlagen

Der Denkmalschutz fällt in Deutschland unter die Kulturhoheit der Bundesländer. Das Niedersächsische Denkmalschutzgesetz (NDSchG) wurde am 30. Mai 1978 verabschiedet und zuletzt am 26. Mai 2011 geändert.

Gemäß § 19 Abs. 1 NDSchG obliegen die Aufgaben der unteren Denkmalschutzbehörde den Gemeinden, die auch die Aufgaben der unteren Bauaufsichtsbehörde wahrnehmen, und im Übrigen den Landkreisen. Die oberste Denkmalschutzbehörde ist nach § 19 Abs. 1 NDSchG das zuständige Fachministerium.

Demnach ist das *Niedersächsische Ministerium für Wissenschaft und Kultur* im vorliegenden Fall die oberste Denkmalschutzbehörde (vgl. NLD 2015). Es führt die Fachaufsicht über die unteren Denkmalschutzbehörden, d. h. Gemeinden mit eigener Bauaufsicht oder die Landkreise, die wiederum als Schnittstelle zur Bevölkerung fungieren (vgl. NLD 2015).

2.1.2 Stadtentwicklung und Denkmalpflege im Wandel

Die westdeutsche Stadtentwicklung und Denkmalpflege der Nachkriegszeit lässt sich zwar nicht allgemeingültig beschreiben (vgl. RULAND 2011, 183), allerdings sind aufgrund der gleichgelagerten Problemstellungen und Entwicklungen in den unterschiedlichen Städten zahlreiche Parallelen erkennbar.

Unmittelbar nach dem Zweiten Weltkrieg waren die deutschen Städte mit gewaltigen Herausforderungen konfrontiert, wobei die Wohnungsnot eines der größten Probleme war. Neben den vor allem in Großstädten vorhandenen großflächigen Zerstörungen durch Bombardements – und damit fehlendem Wohnraum für Einheimische – mussten zusätzlich zahlreiche

Flüchtlinge aus den ehemaligen deutschen Ostgebieten untergebracht werden (vgl. BBR 2000, 45). In vielen Städten war der Wohnraummangel so groß, dass einander fremde Menschen gezwungen waren, sich eine Wohnung zu teilen (vgl. BBR 2000, 46). Die Städte standen vor der Aufgabe, die Wohnungsnot durch schnelle und zweckmäßige Bauvorhaben zu lindern (vgl. BBR 2000, 46). Die damit in Verbindung stehenden Neubauprojekte waren von den bereits in den 1920er Jahren entstandenen Ideen der Funktionsteilung und der aufgelockerten Stadt geprägt (vgl. BBR 2000, 46).

In den 1960er Jahren führte eine erstarkende Wirtschaft zu erhöhtem Güterverkehr sowie zu steigendem Wohlstand der Bevölkerung, der vielen Haushalten erstmals ermöglichte, sich einen eigenen PKW zu leisten (vgl. BBR 2000, 47). Um den daraus resultierenden zusätzlichen Verkehr aufzunehmen, wurden existierende Straßen verbreitert und neue Straßen gebaut (vgl. RULAND 2011, 184).

Durch steigende Bevölkerungszahlen und den gestiegenen Wohlstand wuchs der Bedarf an Wohnraum weiter (vgl. BBR 2000, 47). Die Stadtentwicklung konzentrierte sich daher insbesondere auf den Wohnungsneubau und flächenhafte ‚Sanierungen‘ durch Abriss und Neubebauung mit ganzen Wohnblöcken (vgl. BBR 2000, 49–50). Oftmals machte diese Entwicklung auch vor den Innenstädten nicht Halt, wodurch zahlreiche historische Stadtstrukturen für immer verloren gingen (vgl. BBR 2000, 50). Der Verfall des alten Baubestands wurde durch ausbleibende Restaurierungsmaßnahmen noch verstärkt und wohlhabendere Bevölkerungsschichten zogen in die Neubausiedlungen (vgl. RULAND 2011, 184). Dies führte dazu, dass viele Innenstädte sich entweder zu Problemgebieten oder zu reinen Verkehrs- und Einkaufszentren entwickelten (vgl. RULAND 2011, 184).

Mit der Zeit stieß diese Art der Stadtentwicklung zunehmend auf Widerstand in der Bevölkerung, die ein Umdenken und einen anderen Umgang mit dem Wohnungsbestand forderte (vgl. BBR 2000, 49). Insbesondere in den zentrumsnahen Stadtvierteln begannen die Bewohner in den 1970er Jahren, sich zusammenzuschließen und gegen die Sanierungspraxis zu wehren (vgl. RULAND 2011, 184). In mehreren Städten kam es zu Hausbesetzungen und zur Gründung von Bürgerinitiativen, die Anspruch auf mehr Mitsprache erhoben (vgl. BIEBER 1973) und – auch in Bezug auf den

Denkmalschutz – Einfluss auf die Politik auszuüben versuchten (vgl. POMP 2001b, 2).

Ungefähr zeitgleich dazu begann auch in der Fachöffentlichkeit ein Umdenken. So stand beispielsweise der im Mai 1971 in München stattfindende *Deutsche Städtetag* unter dem Motto ‚Rettet unsere Städte jetzt' (vgl. BMVBS 2011, 19).

Proteste und neues Denken zeigten letztlich Wirkung: Die Kommunen rückten von Flächenabrissen ab und wandten sich verstärkt der bestandserhaltenden Erneuerung zu (vgl. TILLE/PRÖMMEL 2008, 7).

Mit dem Städtebauförderungsgesetz (StBauFG) wurde 1971 „die zentrale Rechtsgrundlage für die Erneuerung der Städte als Gemeinschaftsaufgabe von Bund, Ländern und Gemeinden geschaffen" (BBR 2000, 49). Bedingung für die Förderung eines Gebietes war der Nachweis, dass dort ‚städtebauliche Missstände' vorlagen (vgl. BBR 2000, 49). Damit bewegte man sich weg von der Funktionstrennung und hin zu städtebaulicher Dichte und das kulturhistorische Erbe und traditionelle Architekturformen einbeziehenden Stadterneuerungen (vgl. BBR 2000, 50). Häufig war damit die Einrichtung von Fußgängerzonen und zusätzlichen Parkmöglichkeiten verbunden (vgl. BBR 2000, 50).

Das 1975 ausgerufene *Europäische Jahr für Denkmalschutz* stand unter dem Motto ‚Eine Zukunft für unsere Vergangenheit' (vgl. TILLE/PRÖMMEL 2008, 7). Dadurch wurden den seit Beginn des Jahrzehnts aufkommenden Bestrebungen, das historische Stadtbild zu erhalten, entscheidende Impulse verliehen (vgl. TILLE/PRÖMMEL 2008, 7) und den Abrissen erstmals Grenzen gesetzt (vgl. POMP 2001b, 3). Das primäre Ziel war die Begrenzung der durch große und teilweise schlecht integrierte Neubauten verursachten Zerstörungen alter Bausubstanz (vgl. RULAND 2011, 185) und die Anerkennung historisch wertvoller Bauwerke und Gebäudeensembles „als kulturelle und ökonomische Werte im Gefüge der Städte" (RULAND 2011, 185).

1976 folgte eine Novellierung des StBauFG, wodurch die Förderung der Erhaltung von Altbauten auch rechtlich mit der Neubauförderung gleichgestellt wurde (vgl. RULAND 2011, 185).

Neben den Denkmalschutzgesetzen, die bis 1980 in allen westdeutschen Bundesländern erlassen worden waren, erfuhr der Denkmalschutz auch auf Bundesebene – beispielsweise durch eine steuerliche Gleichstellung von Altbaurestaurierungen und Neubauprojekten – stärkere Berücksichtigung (vgl. RULAND 2011, 185–186).

1985 wurde der Stellenwert des Denkmalschutzes mit der Gründung der *Deutschen Stiftung Denkmalschutz* unter der Schirmherrschaft des Bundespräsidenten weiter gestärkt (vgl. DEUTSCHE STIFTUNG DENKMALSCHUTZ 2015a). Sie initiierte 1993 auch den seitdem einmal im Jahr bundesweit stattfindenden ‚Tag des offenen Denkmals' (vgl. DEUTSCHE STIFTUNG DENKMALSCHUTZ 2015b).

2.2   Stadtentwicklung und Denkmalpflege in Lüneburg

2.2.1 Aufbau der Stadtverwaltung

Als untere Denkmalschutzbehörden fungieren die Gemeinden mit eigener Bauaufsicht oder die Landkreise (siehe Kap. 2.1.1). Dementsprechend ist die Stadt Lüneburg als untere Denkmalschutzbehörde tätig. Oberhaupt der Stadtverwaltung Lüneburgs ist der Oberbürgermeister, die Stadtbaurätin führt die Aufsicht über die Fachbereiche 6 (*Stadtentwicklung*), 7 (*Straßen- und Grünplanung, Ingenieurbau*) sowie 8 (*Gebäudewirtschaft*), wobei Fachbereich 6 aus der *Stadtplanung* einerseits sowie der *Bauaufsicht, Denkmalpflege* andererseits besteht (vgl. HANSESTADT LÜNEBURG 2015a).

2.2.2 Entwicklungen in der Stadtverwaltung

Mit der Besetzung der Stelle eines Stadtbildpflegers im Jahr 1975 erfolgte auch in Lüneburg eine stärkere Berücksichtigung und Wertschätzung der historischen Bausubstanz (vgl. RING 1999b, 9). 1978 wurden die ‚Örtliche Bauvorschrift über die Gestaltung' sowie die ‚Örtliche Bauvorschrift über Außenwerbung' für die Lüneburger Altstadt verabschiedet (vgl. RING 2010, 14). Sie schufen „einen bedeutenden Rahmen für die Aufgaben der Stadtbildpflege" (RING 1999b, 9) und sind bis heute ein wichtiger Bestandteil der Arbeit der Denkmalpflege (vgl. RING 2010, 14). Nachdem der Stadtbildpfleger 1983 in den Ruhestand ging, wurden diese Verantwortlichkeiten dem Leiter des Hochbauamtes übertragen, aufgrund des hohen Arbeitsaufwandes musste diese Stelle 1988 jedoch erneut eingerichtet werden (vgl. RING 1999b, 9–10).

Parallel zu diesen Entwicklungen wurde 1991 die Stelle eines Stadtarchäologen geschaffen (vgl. RING 1999b, 10). Bis Mitte der 1970er Jahre waren archäologische Tätigkeiten im Stadtgebiet durch das *Museum für das Fürstentum Lüneburg* durchgeführt worden, ab 1979 erfolgte diese Arbeit durch den am *Institut für Denkmalpflege des Landes Niedersachsen* tätigen Bezirksarchäologen (vgl. RING 2005, 47). Während viele Städte bereits in den 1970er und 1980er Jahren dazu übergingen, eine systematische Stadtarchäologie vor Ort einzurichten, geschah dies in Lüneburg erst zu Beginn der 1990er Jahre (vgl. RING 1999b, 10). Im August 1991 wurde diese Stelle erstmals besetzt (vgl. RING 2005, 47). Es folgte die Einstellung eines Grabungstechnikers und die eines Grabungshelfers (vgl. KÜHLBORN/RING 1996, 11).

Der Weggang der Stadtbildpflegerin im Jahr 1997 ermöglichte eine Neuordnung der Denkmalpflege in Lüneburg und die Zusammenfassung der bis dahin getrennten Bereiche *Baudenkmalpflege* und *Stadtarchäologie* in den zum Fachbereich 6 (*Stadtentwicklung*) zählenden Bereich *Bauaufsicht, Denkmalpflege*, der im August 1998 neu besetzt wurde (vgl. RING 1999c, 35).

Viele Jahre lang lag die Leitung der neu geordneten Denkmalpflege beim Stadtarchäologen (vgl. RING 1999c, 35). Mit der Eröffnung des neuen *Museums Lüneburg* im Jahr 2015 wurden die Strukturen der Baudenkmalpflege erneut verändert und die Stadtarchäologie dort angesiedelt (vgl. HANSESTADT LÜNEBURG 2012). Zwar besteht weiterhin eine organisatorische Verknüpfung der beiden Bereiche (vgl. RING 2012, 270), allerdings werden die Personalkosten der Mitarbeiter seit 2015 vollständig von der *Museumsstiftung Lüneburg* getragen (vgl. HANSESTADT LÜNEBURG 2012).

2.2.3 Städtische Ausschüsse

In den 1960er Jahren wurde ein Ratsausschuss gegründet, der sich mit der Stadtbildpflege beschäftigte und diesbezügliche Empfehlungen an den Stadtrat abgab (vgl. POMP 2001b, 3). Anhand der im Stadtarchiv Lüneburg (StadtALg) gelagerten Sitzungsprotokolle[6] verschiedener Ausschüsse können die Sitzungen detailliert nachvollzogen werden. Am 3. Februar 1964

---

6   Signatur der Sitzungsprotokolle des Stadtbildpflegeausschusses: VA2/1323.

fand die erste Sitzung des ‚Grünanlagenausschusses – zugleich für Stadtbildgestaltung' statt (vgl. STADT LÜNEBURG 1964a). Am 7. Dezember 1964
wurde der Ausschuss erstmals als ‚Stadtbildpflegeausschuss' bezeichnet
(vgl. STADT LÜNEBURG 1964b). Etwas mehr als 30 Jahre später, im Jahr 1996,
wurde dieser Ausschuss aufgelöst.[7]

Parallel dazu wurde 1976 der ‚Ausschuss für Bauen und Stadtentwicklung' gegründet, der bis heute existiert.[8]

---

7   Das Jahr ergibt sich aus den vorhandenen Sitzungsprotokollen im Stadtarchiv.
8   Das Jahr ergibt sich aus den vorhandenen Sitzungsprotokollen im Stadtarchiv.

3 Abgrenzung der historischen Altstadt Lüneburgs

Um die Einflüsse des *ALA* auf die historische Altstadt Lüneburgs bewerten zu können, muss zunächst der Bereich eingegrenzt werden, welcher unter diese Bezeichnung fällt. Als historische Altstadt gilt der Teil, der „innerhalb der mittelalterlichen Grenzen der Stadt, die sich von Nord nach Süd über 650 bis 700 m und von West nach Ost über etwa 1.200 m erstreckte" (RING 2005, 47), liegt. Zum Verständnis der Entstehung dieser Grenzen erscheint es sinnvoll, die vorstädtische Entwicklung bzw. die Siedlungsgeschichte Lüneburgs näher zu betrachten. Allerdings muss festgestellt werden, dass diesbezüglich immer wieder auf Widersprüche hingewiesen wird (vgl. z. B. MEYER 1965, 265–266 oder TERLAU-FRIEMANN 1994, 17–18) und dass die vorstädtische Entwicklung Lüneburgs nach wie vor nicht ausführlich erforscht ist (vgl. KÜHLBORN/RING 1996, 13).[9]

3.1 Geographische Lage

Das heutige Gebiet Lüneburgs wurde bereits in der Stein- und Bronzezeit besiedelt (vgl. PETER 1999, 1). Der Name der Stadt geht wahrscheinlich auf den aus der langobardischen Zeit stammenden Begriff ‚Hliuni‘ zurück, der für ‚Zufluchtsort‘ stand und den damals noch relativ hohen Kalkberg beschrieb (vgl. REINECKE 1933/1977, 4). Durch seine Größe und die guten Verteidigungsmöglichkeiten seiner Zugänge (vgl. PETER 1999, 1) bot er den Menschen in kriegerischen Zeiten gute Schutzmöglichkeiten (vgl. REINE-CKE 1933/1977, 4).[10] Heute besitzt der Berg nur noch einen Bruchteil der eins-

---

9   Die Stadtarchäologie hatte sich die Erforschung dieser Thematik in ihren Anfängen zwar vorgenommen, allerdings liegen bisher offensichtlich nur neuere Erkenntnisse zu anderen Aspekten wie beispielsweise „Handel und Konsum, Mentalitätsgeschichte und Religion bzw. Reformation" (RING 2009, 191) oder „Handwerk und Technologietransfer der Stadt" (RING 2009, 191) vor.

10   Vor allem in der Zeit der Völkerwanderung, „als […] slawische Stämme in das von den Germanen verlassene Land südlich und nördlich der Elbe vordrangen" (PETER 1999, 2), diente der an der Siedlungsgrenze zwischen den beiden Völkern gelegene Berg als Schutz gegen die slawischen Wenden (vgl. PETER 1999, 2).

tigen Höhe[11], da sein Gipsgestein über Jahre hinweg abgebaut und zu Mörtel verarbeitet wurde (vgl. REINECKE 1933/1977, 4).

Eine weitere Besonderheit des heutigen Stadtgebietes ist die Beschaffenheit des Flusses Ilmenau, deren Ufer sich besonders gut für einen Brückenbau eigneten (vgl. PETER 1999, 2).

Die wohl größte Besonderheit des Gebietes sind jedoch große, oberflächennahe Steinsalzlager. Durch Aufsteigen des darunterliegenden Zechsteinblockes zerrissen die Schichten, die die Salzlager zuvor bedeckt hatten, sodass Klüfte entstanden, in die Grundwasser eintreten und sich mit Salz anreichern konnte (vgl. BLEECK 1985, 11). Dies stieg als stark gesättigte Sole bis knapp unter die Erdoberfläche empor (vgl. PETER 1999, 3).

3.2 Besiedelung und Siedlungskerne Lüneburgs

Viele Autoren gehen davon aus, dass die geographischen und geologischen Gegebenheiten zur Entstehung von drei voneinander unabhängigen Siedlungskernen führten.

Um 955 entstanden auf dem Kalkberg eine markgräfliche Burg sowie das Benediktinerkloster St. Michaelis (vgl. TERLAU-FRIEMANN 1994, 17). Sie führten dazu, dass sich am Fuße des Berges eine kleine Siedlung entwickelte, in der sich Handwerker, Kauf- und Fuhrleute niederließen (vgl. FERGER 1969, 175). Für die Entstehung dieser Siedlung wird auch der Begriff *mons* (lateinisch für ‚Berg‘) verwendet (vgl. REINECKE 1933/1977, 3).

Unabhängig von der Siedlung am Kalkberg entstand an der bereits erwähnten Furt der Ilmenau das Fischerdorf Modestorpe (vgl. FERGER 1969, 177), in dessen Zentrum die St. Johanniskirche stand (vgl. KÜHLBORN/RING 1996, 13).[12] Der Bau einer Brücke an der Furt war für das Transportwesen von großer Bedeutung (vgl. KIRSCHBAUM 2000, 13) und führte zur Niederlassung von Händlern und Handwerkern (vgl. BLEECK 1985, 11). Daher wurde für diesen Siedlungskern auch die Bezeichnung *pons* (lateinisch für ‚Brücke‘) geprägt (vgl. REINECKE 1933/1977, 3). Es ist davon auszugehen, dass

---

11 Die ehemalige Höhe ist heute kaum nachweisbar. Man geht davon aus, dass der Kalkberg nur noch ungefähr 1/16 der Höhe besitzt, die er einst besaß (vgl. REINECKE 1933/1977, 4).

12 Es wird vermutet, dass dort bereits in karolingischer Zeit eine Kirche stand (vgl. KÜHLBORN/RING 1996, 13).

Modestorpe von größerer Bedeutung als die Kalkbergsiedlung war, da es als Gerichtsort und später als Sitz eines Archidiakonats des Bistums Verden diente (vgl. FERGER 1969, 177).

Die dritte Siedlung entstand an einer Solequelle. Sie ermöglichte die Gewinnung von Siedesalz und führte schließlich zur Entstehung einer Saline (vgl. PETER 1999, 3). Erstmals wurde diese 956 urkundlich erwähnt, als König Otto I. dem Benediktinerkloster St. Michaelis den Salzzoll übertrug (vgl. KRÜGER 1928, 3–4). Es ist jedoch wahrscheinlich, dass die Anfänge der Lüneburger Salzproduktion deutlich früher zu datieren sind (vgl. PETER 1999, 3).[13] Die Saline, die von Beginn an von großer wirtschaftlicher Bedeutung für Lüneburg war, zählte bis zum Spätmittelalter zu den größten Betrieben in ganz Europa (vgl. KIRSCHBAUM 2000, 11). In der wirtschaftlichen Blütezeit der Stadt wurden dort bis zu 500 Menschen beschäftigt (vgl. FERGER 1969, 106), die sich vor allem nördlich der Saline ansiedelten (vgl. LAMSCHUS 1989, 5). Für diesen Siedlungskern wurde der Begriff *fons* (lateinisch für ‚Quelle‘) geprägt (vgl. REINECKE 1933/1977, 3).

Die steigende Salzproduktion und die Verschiffung der Waren über die Ilmenau förderte die Entwicklung einer weiteren Siedlung zwischen Ilmenauhafen und der St. Nikolaikirche. Da deren Bewohner wendische Schifferknechte waren, trägt sie die Bezeichnung ‚Im Wendischen Dorfe‘ (vgl. PETER 1999, 12). Möglicherweise ist sie unabhängig von den anderen Siedlungskernen entstanden und somit als ein vierter Siedlungskern anzusehen (vgl. KÜHLBORN/RING 1996, 13).[14]

3.3 Entstehung der Stadt

Ein Großteil der Straßen der Kalkbergsiedlung führten zum Salinenviertel hin (vgl. FERGER 1969, 175), wobei die Salzbrückerstraße als direktester Weg zwischen den beiden Siedlungen die älteste Straße sein dürfte (vgl. PETER 1999, 12). Die Verbindung zwischen der Kalkbergsiedlung und Modestorpe stellten die Straßen Auf der Altstadt und Grapengießerstraße dar, die Heili-

---

13   Wann dies genau war, ist bisher nicht geklärt und aufgrund jüngerer Eingriffe in das Salinengelände vermutlich auch in Zukunft schwer in Erfahrung zu bringen (vgl. KÜHLBORN/RING 1996, 13).

14   FERGER betrachtet ‚Im Wendischen Dorfe‘ hingegen als eine von den anderen Siedlungskernen abhängige Siedlung (vgl. FERGER 1969, 178).

gengeiststraße verband das Salinenviertel mit Modestorpe (vgl. PETER 1999, 12). An der Stelle, an der die Verbindungswege Grapengießer- und Heiligengeiststraße zusammentreffen, entstand der heutige Platz Am Sande (vgl. PETER 1999, 12–13).

Mit der Vereinigung der Siedlungszellen ging die Entwicklung Lüneburgs zu einem städtischen Siedlungskern einher (vgl. FERGER 1969, 178). Im Zuge dessen wurden die Grenzen so großzügig abgesteckt (vgl. FERGER 1969, 178), dass dort im 13. Jahrhundert mit dem ‚Neuen Markt‘ ein weiterer Stadtteil angelegt werden konnte (vgl. PETER 1999, 12), der in kurzer Zeit zahlreiche neue Siedler anzog (vgl. KIRSCHBAUM 2000, 12). Hier wurden auch das Rathaus errichtet und Wochenmärkte veranstaltet (vgl. KIRSCHBAUM 2000, 12). Die von dort aus nach Süden verlaufenden Straßen deuten mit ihren mit städtischen Berufen in Verbindung stehenden Namen (z. B. Bäckerstraße, Schröderstraße) darauf hin, dass Lüneburg zu diesem Zeitpunkt bereits eine Stadt war (vgl. FERGER 1969, 178). Als Verbindung zur Kalkbergsiedlung diente die Straße Auf dem Meere (vgl. PETER 1999, 12).

Spätestens seit 1370 wurde eine Einteilung in Markt-, Sülz-, Sand- und Wasserviertel vorgenommen (vgl. FERGER 1969, 184). Abbildung 1 zeigt sowohl die Einteilung dieser Viertel als auch die Siedlungskerne, die zur Entstehung der Stadt geführt haben.

3.4   Entwicklung der Stadt

Im Jahr 1235 wurden Lüneburg die Stadtrechte verliehen (vgl. PETER 1999, 17), allerdings veränderte sich die Situation der Stadt erst 1371, als die Bevölkerung die Burg zerstörte, grundlegend: Lüneburg war nun nicht mehr von einem Landesherren abhängig und konnte sich selbst verwalten (vgl. FERGER 1969, 182–184). Gleichzeitig war der Aufstieg der Stadt untrennbar mit der Salzproduktion verbunden. Kurz nachdem die Unabhängigkeit erreicht war, begannen die Lüneburger, ihr Engagement in der Hanse auszubauen (vgl. KIRSCHBAUM 2000, 7) und ihr qualitativ hochwertiges Salz über Lübeck im gesamten Ostseeraum zu verkaufen (vgl. LAMSCHUS 1989, 3). Schon 1273 war Lüneburg das Salzmonopol für den Ostseeraum zugesprochen worden (vgl. LAMSCHUS 1989, 17). Durch den Reichtum und die Arbeitsmöglichkeiten in der Saline wuchs die Bevölkerung immer weiter,

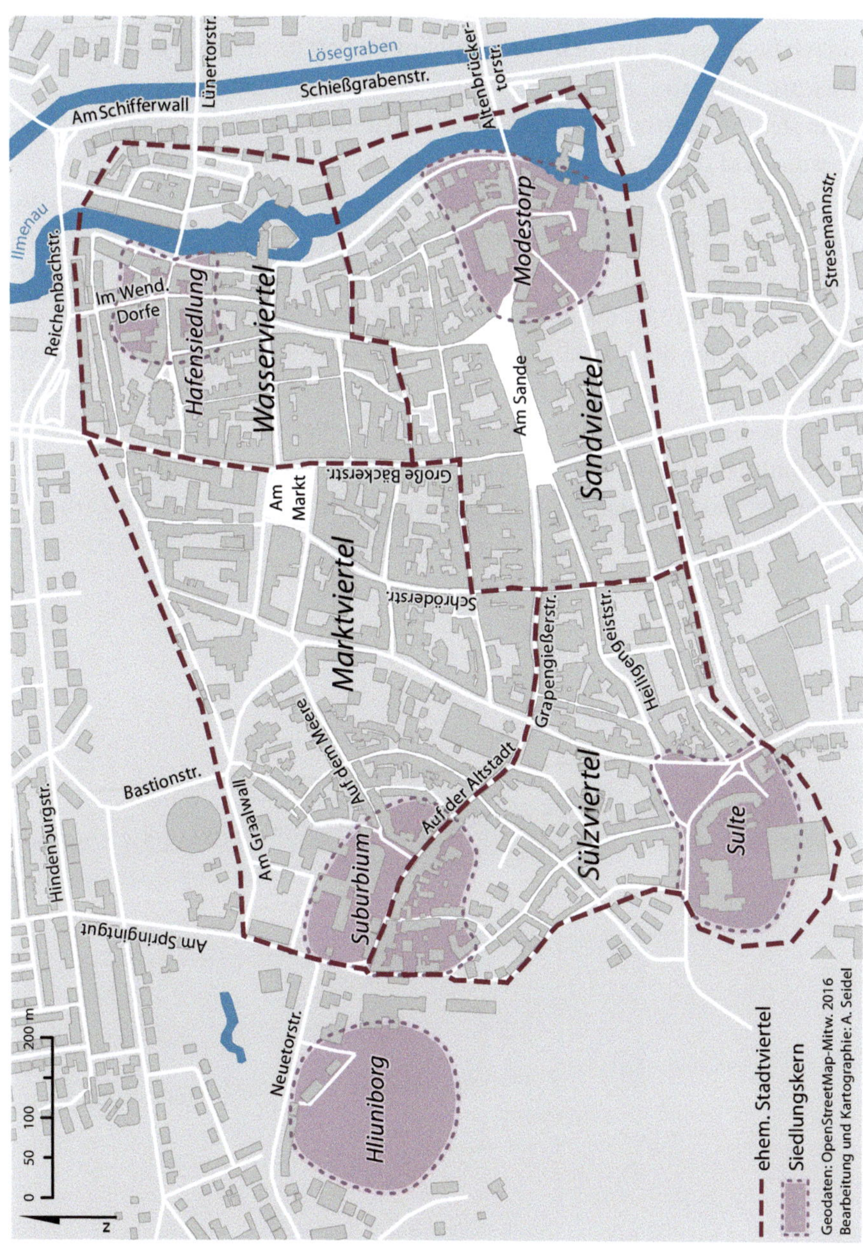

Abb. 1: Siedlungskerne und Stadtviertel Lüneburgs
Quelle: Eigene Darstellung in Anlehnung an FERGER *1969 und* RÜMELIN *2009*

sodass die Altstadt ihre heutige Ausdehnung bereits um 1300 erreichte (vgl. KIRSCHBAUM 2000, 7).

Ab dem 16. Jahrhundert verlor die Hansestadt ihr Salzmonopol im Ostseeraum und damit zunehmend an Bedeutung (vgl. KIRSCHBAUM 2000, 7), da sie gegen das wesentlich preisgünstigere Meersalz keine Chance hatte (vgl. TERLAU-FRIEMANN 1994, 18). Auch gelang es ihr nicht mehr, die Eröffnung von Salinen außerhalb des Fürstentums zu verhindern (vgl. TERLAU-FRIEMANN 1994, 18). Dadurch sank der Absatz und damit verbunden die Einnahmen der Stadt und der Bürger, was auch einen Verlust politischen Einflusses mit sich brachte (vgl. TERLAU-FRIEMANN 1994, 18). In der Folge wurde die Kontrolle über die Stadt 1637 wieder von einem Landesherrn übernommen (vgl. KIRSCHBAUM 2000, 7), sodass aus der einst „reichen, mächtigen Salzmetropole [..] eine verarmte, unfreie Stadt" (KIRSCHBAUM 2000, 7) wurde.

4 Herausforderungen für Lüneburg in der Nachkriegszeit

4.1 Bausubstanz

Dass die Stadt ab dem 16. Jahrhundert und besonders ab Mitte des 17. Jahrhunderts kontinuierlich an wirtschaftlicher Stärke verlor, kann heute allerdings durchaus positiv gewertet werden (vgl. RIESTRA 2013, 7). „Dieser Ohnmacht [...] ist es zu verdanken, daß die Stadtgestalt des Spätmittelalters und der frühen Neuzeit (16. Jahrhundert) relativ gut erhalten blieb" (KIRSCHBAUM 2000, 7). Auch der glückliche Umstand, dass Lüneburg in seiner Geschichte keine größeren Brände oder Kriege zu verzeichnen hatte und selbst der 30-jährige Krieg oder der Zweite Weltkrieg der Stadt kaum Zerstörungen brachten, trug dazu bei, dass die Altstadt bis heute so zahlreiche Zeugnisse aus dem Mittelalter besitzt (vgl. KREMEIKE 2002, 6).

4.2 Bevölkerungsentwicklung

Während des Zweiten Weltkriegs und unmittelbar danach verzeichnete Lüneburg einen nie dagewesenen Bevölkerungsanstieg. Lag die Zahl der Einwohner im Jahre 1942 noch unter 35.000, so wurden im Jahr 1951 bereits über 60.000 Einwohner gezählt (vgl. KLEEBERG 1952, 6). Dies war insbesondere auf die massenhafte Zuwanderung der überwiegend aus den ehemaligen ostpreußischen Gebieten stammenden Vertriebenen und Flüchtlinge zurückzuführen (vgl. DRÖGE ET AL. 2001, 121). Allein 1946 stieg die Einwohnerzahl von rund 41.000 auf über 60.000 (vgl. BOCKELMANN 1946/2001, 133). Zusätzlich mussten sogenannte *Displaced Persons*[15] zeitweise in Lüneburg untergebracht werden, da sich hier die Sammelstelle für deren Rücktransport befand (vgl. DRÖGE ET AL. 2001, 121).

---

15   Unter *Displaced Persons* fielen ehemalige Zwangsarbeiter und -verschleppte aus Polen, Lettland und Ungarn (vgl. DRÖGE ET AL. 2001, 121).

4.3 Wohnbestand

Der Wohnbestand konnte mit dieser Entwicklung nicht mithalten. Obwohl mit der Umsetzung von Maßnahmen ab 1946 eine Erhöhung von Wohnungen einherging, stieg die Anzahl verfügbarer Wohnungen seit der starken Bevölkerungszunahme überhaupt nicht (vgl. Kleeberg 1952, 6), was unter anderem damit zusammenhing, dass ein Teil des Wohnbestands von der Besatzungsmacht beschlagnahmt und genutzt wurde (vgl. Bockelmann 1946/2001, 134).

Aufgrund des großen Wohnraummangels waren die Menschen gezwungen, in Kellern, Dielen oder auf Dachböden zu hausen – auch Ställe, Schuppen oder Eisenbahnwaggons wurden als Unterkunft genutzt (vgl. Dröge et al. 2001, 122). Werner Bockelmann, der damalige Oberstadtdirektor Lüneburgs (vgl. Preuss 2001a, 259), ging sogar so weit, die Stadt mit „schwierigeren Aufgaben als manch eine durch die Kriegsereignisse stark beschädigte Stadt" (Bockelmann 1946/2001, 134) konfrontiert zu sehen.

4.4 Hygienische Zustände

Entsprechend katastrophal stellten sich auch die hygienischen Zustände in den Unterkünften der Stadt dar. Die wenigsten Wohnungen verfügten über einen Anschluss an die Kanalisation, sodass die Bewohner auf abzufahrende Abortkübel oder auszupumpende Klärgruben angewiesen waren (vgl. Kleeberg 1949, 2–4). Bei einer in den Jahren 1946/1947 durchgeführten Erhebung im Rahmen eines Generalbebauungsplans (siehe Kap. 5.1) wurde ermittelt, dass dies von 57.000 Einwohnern noch 33.000 – also über die Hälfte – betraf (vgl. Kleeberg 1949, 2–4). Eine unregelmäßig durchgeführte Entsorgung verschlechterte den Zustand weiter und hatte zum Teil gravierende Auswirkungen auf die Gesundheit der dort lebenden Menschen (vgl. Dröge et al. 2001, 122).

4.5 Verkehr

Der zunehmende Straßenverkehr belastete die historische Innenstadt immer stärker (vgl. Peter 1999, 551). Durch die Lage „in einem Schnittpunkt der Verkehrsadern" (Schubert 1967a, 41) lief der gesamte Fernverkehr der

Abb. 2: Verkehrssituation in den 1960er Jahren in der Bäckerstraße
Quelle: Sammlung Bracklow (aus: PEZ 2001, 162)

B 4, der B 209 und der B 216 durch die überwiegend sehr schmalen, mittelalterlichen Straßen[16] (vgl. KLEEBERG 1952, 3).

Zwar wurde dieses Problem bereits 1954 mit dem Bau der ‚Inneren Entlastungsstraße' (heutige Willy-Brandt-Straße) in Angriff genommen und die Altstadt nach deren Fertigstellung im Jahr 1957 von einem Teil des Verkehrsaufkommens entlastet, allerdings war weiterhin starker innerstädtischer Verkehr zu verzeichnen (vgl. SCHUBERT 1967a, 41).

Auch die Parksituation bereitete Schwierigkeiten. Die steigende Zahl von Kraftfahrzeugen mit Zielen im Stadtkerngebiet benötigte immer mehr Parkflächen, die den fließenden Verkehr zusätzlich behinderten (vgl. SCHUBERT 1967a, 43).

---

16   Besonders stark betroffen waren Rote Straße, Bäckerstraße, Bardowicker Straße, Ochsenmarkt, Neue Sülze, Vierorten, Salzstraße, Sülztorstraße, Am Sande, Schießgrabenstraße und Lünertorstraße (vgl. PETER 1999, 551).

4.6 Senkungserscheinungen

Zu den Entwicklungsproblemen, mit denen auch andere deutsche Städte in dieser Zeit zu kämpfen hatten, kamen in Lüneburg spezielle, mit der geologischen Beschaffenheit des Untergrundes zusammenhängende Schwierigkeiten hinzu, deren Ursache vor allem der Soleentnahme durch die Saline zuzuschreiben war. Seit dem Mittelalter traten in der Stadt Senkungserscheinungen auf, allerdings wurden diese seit dem 20. Jahrhundert vor allem im Bereich der Westlichen Altstadt zunehmend stärker (vgl. SIROCKO 2012, 3).

4.6.1 Senkungsschäden durch Soleförderung

Bereits die für die Entstehung der Stadt bedeutenden geologischen Faktoren machen die Komplexität des Lüneburger Untergrundes deutlich. Der zuvor erwähnte Kalkberg liegt mittig über einem mächtigen, oberflächennahen Salzstock (vgl. HOFMANN 2001, 169). Durch Grundwasserflüsse erfolgen „dort intensive, aber ungleichmäßig verlaufende Salzablaugungen" (HOFMANN 2001, 170), sodass oberflächennahe, solehaltige Quellen entstehen (vgl. HOFMANN 2001, 170).

Die Produktionszahlen der Saline schwankten seit ihrem Bestehen je nach wirtschaftlicher oder politischer Situation und können heute vor allem für weit in der Vergangenheit liegende Zeiträume nur noch näherungsweise nachvollzogen werden (vgl. HOFMANN 2001, 171). Die Produktionszahlen des letzten Jahrhunderts lassen sich hingegen relativ genau nachweisen (vgl. SIROCKO 2012, 2). Ein direkter Zusammenhang zwischen den beobachteten Senkungserscheinungen und dem Betrieb der Saline wurde schon vor langer Zeit vermutet, konnte allerdings erst nachgewiesen werden, als die Soleförderung 1980 eingestellt wurde (vgl. SIROCKO 2012, 38). Bei einer Gegenüberstellung der beobachteten Senkungen und den Produktionszahlen der Saline stellte SIROCKO fest, dass die Senkungserscheinungen bei einer Produktionszahl von über 30.000 Tonnen besonders gravierend ausfielen (vgl. SIROCKO 2012, 2). Die Salinenbetreiber hatten die Verantwortung hierfür stets abgestritten (vgl. HOFMANN 2001, 172)[17], indirekt gaben sie mit der

---

17   Die Saline vertrat „den Standpunkt [..], die Ablaugungen am Salzstock seien ein von ihr unbeeinflussbarer natürlicher Vorgang" (HOFMANN 2001, 172), was sich aufgrund der Tatsache, dass der Salinenbetrieb in Lüneburg bereits über 1.000 Jahre bestand, kaum widerlegen ließ (vgl. HOFMANN 2001, 172).

Reduktion der Fördermenge und dem Umstieg auf eine Tiefenbohrung im Jahr 1961 jedoch eine gewisse Mitverantwortung zu (vgl. SIROCKO 2012, 3 und 28).

4.6.2 Verändertes Senkungsverhalten seit Salinenschließung

Zur Erfassung der Senkungserscheinungen wurde bereits in den 1890er Jahren ein Netz von 16 Höhenbolzen eingeführt, das in den 1950er Jahren um zahlreiche weitere Punkte erweitert wurde (vgl. FERGER 1969, 41). Mit diesen bis zu 2.000 Höhenbolzen konnte das Stadtbauamt regelmäßige geodätische Vermessungen durchführen und dadurch Aussagen zur Hebung und Senkung machen (vgl. SIROCKO 2012, 26).

Nach Schließung der Saline im Jahr 1980 „bot sich [...] erstmalig die Möglichkeit, das natürliche Senkungsverhalten in der westlichen Altstadt mittels regelmäßig wiederkehrendem Feinnivellement festzuhalten" (HOFMANN 2001, 173) und diese Messergebnisse mit denen der Zeit des Salinenbetriebs zu vergleichen (vgl. HOFMANN 2001, 173).

Interessant ist hierbei vor allem, dass im Bereich der Westlichen Altstadt ausschließlich Senkungserscheinungen ermittelt wurden, die mit der Einstellung der Salzproduktion im Jahr 1980 oder bereits zwischen 1962 und 1972 aufgehört hatten.[18] Dadurch wurde deutlich, dass „sich die Senkungen vor 1980 mit Sicherheit vollständig auf die Entnahme von Sole durch die Saline zurückführen" (SIROCKO 2012, 32) ließen. Bei nach 1980 gemessenen Senkungen ist hingegen von verdeckten Erdfällen auszugehen, da sie auf einer dem Verlauf des Randgipses des Salzstocks entsprechenden Linie stattfinden (vgl. HOFMANN 2001, 173). Diese Art der Senkungen ist im Rahmen der vorliegenden Arbeit zwar von untergeordneter Bedeutung, allerdings zumindest insofern interessant, als dass die zahlreichen Gebäudeabrisse an der (im Bereich der Altstadt befindlichen) Neuen Sülze im Zusammenhang mit diesem Senkungstyp zu sehen sind. Bei Erdfällen bzw. verdeckten Erdfällen ist ebenfalls eine deutliche Verbindung zur Soleentnahme zu erkennen (vgl. SIROCKO 2012, 23). So zeigt auch das „Nivellement für den

---

18   Diese Senkungsstagnation dürfte mit dem bereits erwähnten Umstieg der Saline auf eine Tiefenbohrung unter den Sülzwiesen im Jahr 1961 zusammenhängen (vgl. SIROCKO 2012, 28).

Zeitraum 1996 bis 98 [..], wenn auch leider noch auf sehr hohem Niveau, die einsetzende Rückläufigkeit des Vorgangs an" (HOFMANN 1999, 13).

Dennoch besteht in Teilen der Westlichen Altstadt weiterhin das Problem, dass das Grundwasser einen relativ konstanten, lediglich aufgrund von Jahreszeiten schwankenden Pegel besitzt, wohingegen die über dem Salzstock befindliche Erdoberfläche absinkt (vgl. HOFMANN 1999, 6). Dadurch nähern sich die in diesem Gebiet gebauten Häuser langsam dem Grundwasserspiegel an (vgl. HOFMANN 2001, 174).[19]

---

19   Daher sind „in manchen Straßen die Keller der Häuser schon überflutet, verfüllt und aufgegeben worden" (HOFMANN 2001, 174).

5 Lüneburger Stadtentwicklungs- konzepte der Nachkriegszeit

Die Herausforderungen, mit denen Lüneburg nach dem Zweiten Weltkrieg konfrontiert war, waren groß. Insbesondere die Senkungserscheinungen im Bereich der Westlichen Altstadt brachten Probleme, die dringend gelöst werden mussten. Dies führte zu Konzepten und Planungen, die zur Linderung der damaligen Probleme führen sollten. Auf die Entwicklung der historischen Altstadt hatten sie aus heutiger Sicht allerdings vorwiegend negative Auswirkungen.

5.1 Der Generalbebauungsplan für Lüneburg

5.1.1 Denkschrift von 1949

Ende 1945 wurde die Planungsgemeinschaft *Dr. Ing. Joachim Matthaei und Arnold Pinnekamp, Architekten BDA* von der Stadt beauftragt (vgl. PINNE-KAMP 2001, 107), zusammen mit Stadtbaurat Dr. Otto Kleeberg einen Generalbebauungsplan im Maßstab 1 : 5.000 für Lüneburg zu erarbeiten (vgl. WISKOTT 2001, 175). Unterstützung erhielten sie dabei bis Ende 1947 vom bekannten Hamburger Architekten, Städtebauer und Landesplaner Prof. Dr. Fritz Schumacher (vgl. PREUSS 2001b, 89).[20]

a) Untersuchungen

Um einen möglichst elastischen Generalbebauungsplan und einen Bestandsplan zur Altstadtsanierung zu erlangen, wurden systematisch Daten erhoben, auf denen die Planungen basieren sollten (vgl. PINNEKAMP 2001, 108). Dazu wurde durch Besichtigung, Beschreibung, Begutachtung und Einstufung von rund 2.000 Grundstücken eine sehr detaillierte Bestandsaufnahme der Altstadt vorgenommen (vgl. PINNEKAMP 2001, 108–109).[21]

---

20 Dieser hatte in Lüneburg Zuflucht vor der Bombardierung Hamburgs gefunden (vgl. PREUSS 2001b, 97).

21 „Jeder Stall, jede Gartenlaube, jede Scheune, jedes Kübel-Klo wurde verzeichnet, jedes Haus wurde fotografiert" (PINNEKAMP 2001, 109).

Das sich ergebende Bild der Wohnbedingungen und der hygienischen Zustände in der Altstadt war katastrophal (siehe Kap. 4.4).

Sehr genau wurde auch die Verkehrssituation betrachtet[22], da diese für eine Stadterneuerung und Osterweiterung von wesentlicher Bedeutung war (vgl. PINNEKAMP 2001, 111).

Zudem erfasste die Planungsgemeinschaft in einer demographischen Untersuchung die Einwohnerzahl Lüneburgs. Im Ergebnis waren dies 51.556 Einwohner[23] (Stichtag 01.07.1947), wobei für die Planungen des Generalbebauungsplans bereits mit einer höheren Einwohnerzahl von 60.000 gerechnet wurde (vgl. PINNEKAMP 2001, 111–112).

b) Ergebnisse

Der Generalbebauungsplan bestand weitestgehend aus kartographischen Darstellungen.[24] Eine Erläuterung der durch die Planungsgemeinschaft erarbeiteten Ergebnisse lieferte Dr. Kleeberg in der 1949 veröffentlichten ‚Denkschrift über Struktur und Entwicklungsmöglichkeit der Stadt Lüneburg' (vgl. PINNEKAMP 2001, 111).[25]

Im ersten Teil beschrieb er die Blockierung der Stadt (A), wobei er die geologische und topographische Struktur des Stadtgebietes (I) einerseits und deren Folgeerscheinungen (II) andererseits beleuchtete (vgl. KLEEBERG 1949, 1–2). Bereits die an erster Stelle genannte Folgeerscheinung bezog sich auf die Senkungen[26]:

---

22   „Man erhob an jeder Straße und jeder Kreuzung Lüneburgs verkehrsstatistische Daten und unterschied Wohn-, Land und Durchgangsstraßen sowie befahrbare Wege" (PINNEKAMP 2001, 111).

23   Davon waren 35.757 Personen Alteinwohner und 15.799 Zugewanderte (vgl. PINNEKAMP 2001, 111-112).

24   Das umfangreiche Kartenmaterial befindet sich im Lüneburger Stadtarchiv. Signaturen der Karten: 10C54/a(R); 10C54/b(R); 10H9; 10H10/1(R) bis 10H10/23(R); 10H11/2(R) bis 10H11/3(R); 14H16(k).

25   Auch die Erläuterungen sind im Lüneburger Stadtarchiv zu finden. Signatur der ‚Denkschrift über die Struktur- und Entwicklungsmöglichkeit der Stadt Lüneburg': AD/A VI 2.

26   Die weiteren Punkte behandelten: b) Solequelle, c) Wasserversorgung, d) Möglichkeiten für zukünftige Bebauungen/Siedlungsflächen, e) Bahnverkehr, f) Straßenverkehr, g) Fernverkehr, h) Ansiedlung der Industriebetriebe, wobei der Kalkabbau als besonders problematisch betrachtet wird, i) militärische Anlagen, k) Entwässerungssystem

> *„Die Geländesenkungen im Salzspiegelbereich, insbesondere auf den Abbruchkanten, sowie auf den zahlreichen, den Salzstock durchkreuzenden Störungslinien, verursachen laufend Schäden an Gebäuden, Straßen, Versorgungs- und Kanalisationsleitungen. Erdfälle auf der Abbruchkante haben schon zum Einsturz bzw. zur Gefährdung von Gebäuden geführt."* (KLEEBERG 1949, 2)

Im zweiten Teil wurden die Entwicklungsmöglichkeiten und deren Auswertung im Wirtschaftsplan (B) näher beleuchtet (vgl. KLEEBERG 1949, 5). Dabei stellte KLEEBERG fest, dass ein angemessener Lebensstandard in Lüneburg nur möglich sei, „wenn die verhängnisvollen Auswirkungen der Ueberbevölkerung [sic!] durch rationelle Ausnutzung der verbliebenen Möglichkeiten ausgeglichen" (KLEEBERG 1949, 5) würden. Ausführlich beschrieb er daraufhin die Vorschläge der Planungsgemeinschaft in Bezug auf Baugebiete (I), landschaftliche und Grüngebiete (II), Verkehrsanlagen (III) und Entwässerung (IV) (vgl. KLEEBERG 1949, 5–16).

Um die Westliche Altstadt wieder lebenswert zu gestalten, sah die Planungsgemeinschaft eine parkartige Begrünung vor (vgl. WISKOTT 2001, 177). Unter Punkt II forderte KLEEBERG den „Ausbau von Grünzügen auf den zukünftig von der verfallenden Bebauung der Abbruchkante und der Störungsbereiche des Salzstockes freizulegenden Flächen" (KLEEBERG 1949, 9).

Die folgenden Abbildungen zeigen den Zustand zum Planungszeitpunkt (Abb. 3) sowie den geplanten Zustand mit parkartiger Begrünung (Abb. 4). Sie machen deutlich, dass dabei viele Gebäude und Gebäudeteile – vor allem im Bereich des Senkungsgebietes – dem Abriss geweiht gewesen wären.

c) Bedeutung

Die Planungsgemeinschaft war von der Grundüberzeugung geprägt, „daß Architektur [...] in erster Linie eine soziale, überpersönliche und interdisziplinäre Gemeinschaftskunst sein müsse" (PINNEKAMP 2001, 110). Um eine

---

und Problem der Abortkübel, l) land- und gartenwirtschaftliche Bebauung, m) Flächennutzung durch Kleingärten und Grabeland, n) Wiederaufforstung und Waldrodung (vgl. KLEEBERG 1949, 2-4).

Abb. 3: Lüneburg Altstadt/Bestand um 1948
Quelle: Sammlung Pinnekamp (aus: PINNEKAMP 2001, 110)

Verbesserung der damaligen Wohnverhältnisse zu erreichen, war es kaum möglich, Denkmalschutzbestrebungen in die Überlegungen mit einzubeziehen (vgl. PINNEKAMP 2001, 110).

Da sich die Empfehlungen des Generalbebauungsplanes zu einem großen Teil auf Neubaugebiete und weniger auf die Altstadt bezogen, soll im Rahmen dieser Arbeit nicht weiter darauf eingegangen werden. Allerdings war die Altstadt von der Entstehung zahlreicher neuer Wohngebiete indirekt betroffen (vgl. PETER 1999, 547), da dies dazu führte, dass die Woh-

Abb. 4: Lüneburg Altstadt/Sanierung um 1948
Quelle: Sammlung Pinnekamp (aus: PINNEKAMP 2001, 111)

nungsnot und die hohe Einwohnerzahl in der Innenstadt stark zurückgin-
gen (vgl. STIENS 2001, 183). Auch war der Vorschlag von Umgehungsstraßen
um die Innenstadt von Bedeutung, der sich in der Realisierung der bereits
erwähnten ‚Inneren Entlastungsstraße' widerspiegelte (vgl. PINNEKAMP
2001, 116–117).

Ende der 1940er Jahre war die Arbeit am Generalbebauungsplan abgeschlossen (vgl. WISKOTT 2001, 175) und ein „Grundstein für eine langfristige
und umfassende Stadtplanung" (PINNEKAMP 2001, 107) gelegt.

5.1.2 Denkschrift von 1952

Die 1952 ebenfalls vom Rat der Stadt Lüneburg herausgegebene und von Dr. Kleeberg geschriebene ‚Denkschrift über Notstand und Aufgaben der Stadt Lüneburg' basierte auf den Daten und Erkenntnissen der Planungsgemeinschaft und befasste sich detailliert mit den damals vorherrschenden Problemen der Stadt.[27]

Auf insgesamt 15 Seiten beschrieb KLEEBERG den Notstand (I) und dessen Behebung (II), bevor er zum dazu notwendigen Finanzbedarf (III) überging.

KLEEBERG machte für den Notstand der Stadt Lüneburg vier Faktoren verantwortlich: Die geologischen Untergrundverhältnisse und damit einhergehenden Senkungserscheinungen und Grundwasserprobleme (1), die mittelalterliche Struktur und Substanz (2), wobei er insbesondere das verwendete Baumaterial Gips als problematisch ansah, das ‚Erbe verflossener Jahrzehnte' (3), womit die in seinen Augen fehlerhafte Stadtentwicklung der Vergangenheit gemeint war, und schließlich der rapide Bevölkerungszuwachs seit dem Zweiten Weltkrieg (4) (vgl. KLEEBERG 1952, 3–7).

Bezüglich der Behebung des Notstandes verwies KLEEBERG auf den bereits nahezu abgeschlossenen Generalbebauungsplan (siehe Kap. 5.1.1) (vgl. KLEEBERG 1952, 9).

Den Finanzbedarf untergliederte er in einen Fünfjahresplan für die dringendsten Maßnahmen (A), einen Zehnjahresplan für zwangsläufige Sanierungsmaßnahmen (B) und den Kapitalbedarf für weiterhin erforderliche Maßnahmen (C) (vgl. KLEEBERG 1952, 13–15).

5.1.3 Denkschrift von 1953

Ein Jahr später wurde eine weitere Denkschrift mit dem Titel ‚Denkschrift zur Altstadtsanierung' veröffentlicht. Sie basierte ebenfalls auf den Untersuchungen und Erkenntnissen des Generalbebauungsplans und wurde von Dr. Joachim Matthaei geschrieben. Hierin wurde speziell die Sanierungsplanung der Lüneburger Altstadt behandelt, wobei ein besonderer Fokus

---

27 Diese Denkschrift ist im Stadtarchiv nicht vorhanden, sie kann hingegen in der Bibliothek der *Leuphana Universität Lüneburg* eingesehen werden. Signatur: 77-681.

auf der Westlichen Altstadt und dem Senkungsgebiet lag (vgl. WISKOTT 2001, 175).[28]

Die Planer waren in Lüneburg mit besonders großen sozialen, hygienischen und wirtschaftlichen Problemen sowie stark verfallenden Gebäuden konfrontiert (vgl. WISKOTT 2001, 175). Gleichzeitig waren aber gerade diese Bauwerke häufig von baugeschichtlicher Bedeutung. MATTHAEI erklärte:

> *„Dem Alter der Stadt und ihrer Häuser entsprechend ist die Bausubstanz so schadhaft und die sozialen und hygienischen Verhältnisse so bedenklich geworden, daß man sich damit recht ernst auseinandersetzen muß. Das Problem liegt jedoch nicht allein darin, daß die Verhältnisse so schlecht sind, sondern daß diese sozialen Verhältnisse mit so hohen kulturellen Werten verkoppelt sind.“ (MATTHAEI 1953, zitiert nach WISKOTT 2001, 176)*

a) Untersuchungen

Aufbauend auf den Ergebnissen zum Generalbebauungsplan führte man über vier Jahre hinweg weitere Untersuchungen durch und begutachtete alle Gebäude und Grundstücke der Altstadt (vgl. WISKOTT 2001, 176). Aus dieser Sanierungsuntersuchung wurde eine vollständige Grundstückskartei mit insgesamt 1.253 Karteikarten sowie 60 Blockauswertungen und einer Gesamtauswertung erstellt (vgl. WISKOTT 2001, 176). Dadurch entstand „eine vergleichbare Übersicht der Schadensschwerpunkte in der gesamten Altstadt, als Grundlage für den Ansatz einer Sanierungsplanung“ (WISKOTT 2001, 176).

Im Verhältnis zur gesamten Lüneburger Altstadt stellte sich die Westliche Altstadt als besonders problematisch dar. Die Wohnfläche lag im Gegensatz zum Durchschnitt von 8,5 m² bei nur 7 m² pro Bewohner (vgl. WISKOTT 2001, 176). Als abbruchreif wurden 25 % des Bestandes der Westlichen Altstadt eingestuft, wohingegen in der gesamten Altstadt durchschnittlich nur 16 % als nicht erhaltenswert galten (vgl. WISKOTT 2001, 176). Der hygienische Zustand war in der Westlichen Altstadt besonders gravierend: Wäh-

---

28   Da diese Denkschrift weder im Stadtarchiv noch in einer Bibliothek vorhanden ist, musste auf die Darstellungen von WISKOTT 2001 zurückgegriffen werden.

rend der Anteil WC zu Kübeln in der gesamten Altstadt 45 % zu 55 % betrug, konnte die Westliche Altstadt nur einen Anteil von 21 % zu 79 % vorweisen (vgl. WISKOTT 2001, 176). Entsprechend waren auch die Bodenpreise dort mit 10 bis 20 DM pro m² wesentlich niedriger als der Durchschnitt von 80 bis 100 DM pro m² (vgl. WISKOTT 2001, 177). Hinzu kamen die in der Westlichen Altstadt besonders gravierend ausfallenden Senkungsschäden (vgl. WISKOTT 2001, 177).

b) Ergebnisse

Da es damals keine Möglichkeiten gab, in einem durch Senkungen geprägten Gebiet zu bauen (vgl. WISKOTT 2001, 177), war die Schlussfolgerung MATTHAEIS:

> *„Die Form der Sanierung heißt Schrittweiser Abbau. Es ist kein anderes Verhalten verantwortbar als ein hinhaltender Widerstand, der aber die Räumung des gesamten Gebietes vor Augen hat."* (MATTHAEI 1953, *zitiert nach* WISKOTT 2001, 177)

Bauten, deren Zustand als gut bis erträglich eingestuft wurde, gab es nach Ansicht der Planungsgemeinschaft in der Westlichen Altstadt nur sehr wenige (siehe Abb. 5).

c) Bedeutung

Aus heutiger Sicht ist es teilweise schwer verständlich, dass diese Pläne ernsthaft in Erwägung gezogen wurden, allerdings war die umfangreiche und detaillierte Erfassung des Zustands der Gebäude eine große Leistung, die es so zuvor noch nicht gegeben hatte (vgl. WISKOTT 2001, 177). Die Empfehlung zum Abriss großer Teile der Westlichen Altstadt und deren Begrünung sind durchaus als gut gemeint und aus sozialem Antrieb heraus zu werten, wenngleich die Folgen letztlich eher negativ ausfielen (siehe Kap. 5.3).

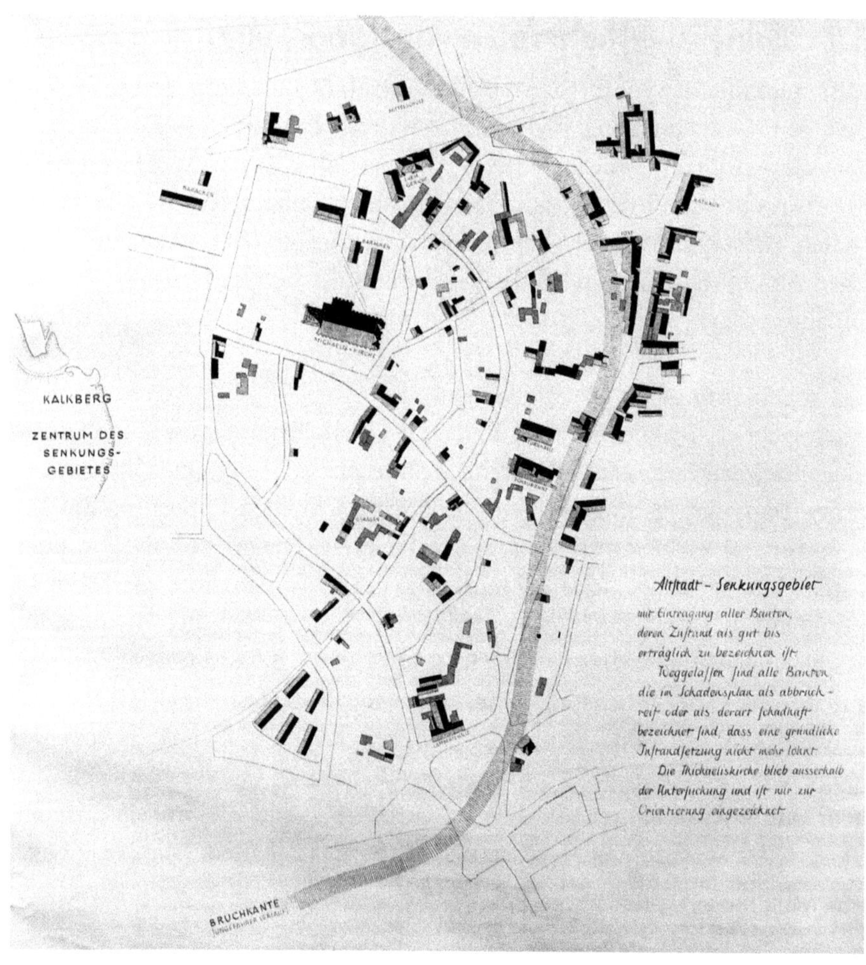

Abb. 5: Lüneburg Altstadt/Senkungsgebiet 1951
Quelle: Sammlung Pinnekamp (aus: WISKOTT 2001, 178)

5.2   Generalverkehrsplan von 1966/1967

Mit zunehmender Motorisierung stieß die Stadt Lüneburg und insbesondere deren Altstadtgebiet an die Grenzen der Belastbarkeit (siehe Kap. 4.5). Aus diesem Grund wurde Mitte der 1960er Jahre Dipl.-Ing. Dr. Hellmut Schubert aus Hannover damit beauftragt, einen Generalverkehrsplan zu erstellen. Dieser aus einem 82-seitigen Erläuterungsbericht und einem 38-seitigen Abbildungsteil bestehende Plan[29] war auf einen Zeitraum von 20 bis 30 Jahren ausgelegt (vgl. SCHUBERT 1967a, 47).

a) Untersuchungen

Nach einer eingehenden Untersuchung der Verkehrssituation stellte SCHUBERT fest, dass der „starke Durchgangsverkehr [...] bei einer verantwortungsbewussten Planung zu einer möglichst schnellen Entlastung des Innenstadtgebietes" (SCHUBERT 1967a, 41) zwinge. Die zu diesem Zeitpunkt bereits fertiggestellte ‚Innere Entlastungsstraße' führte zwar vor allem in Bezug auf den Fernverkehr zu einer ersten Verbesserung der Situation im Stadtkerngebiet, allerdings stellte SCHUBERT eine „Belastungsverschiebung auf Straßen in der Innenstadt" (SCHUBERT 1967a, 41) fest, die sich insbesondere an der Lünertorstraße und der Altenbrückertorstraße negativ bemerkbar machte (vgl. SCHUBERT 1967a, 41). Problematisch war vor allem der Verkehr durch Kraftfahrzeuge, „die ihre Herkunfts- und Zielorte im engeren Bereich der Stadt Lüneburg" (SCHUBERT 1967a, 42) hatten. Durch die Enge der mittelalterlichen Straßen war ein zügiger Verkehrsfluss unmöglich (vgl. SCHUBERT 1967a, 42).

b) Ergebnisse

Da es eines der Anliegen der Stadt war, „den Bestand an historischen Bauwerken [...] nach Möglichkeit zu schonen" (STELLJES 1967), wurde ein Schwerpunkt darauf gelegt, „das Kerngebiet vom fließenden Verkehr soweit wie möglich zu entlasten" (SCHUBERT 1967a, 43) und den „Verkehr durch entsprechende Entflechtungsmaßnahmen um diese erhaltenswerten Gebiete" (SCHUBERT 1967a, 48) herumzuführen. Dies sollte mit einem die In-

---

29   Dieser ist im Stadtarchiv einsehbar. Signatur: AD/A VI 12¹ (Erläuterungsbericht) und AD/A VI 12² (Abbildungen).

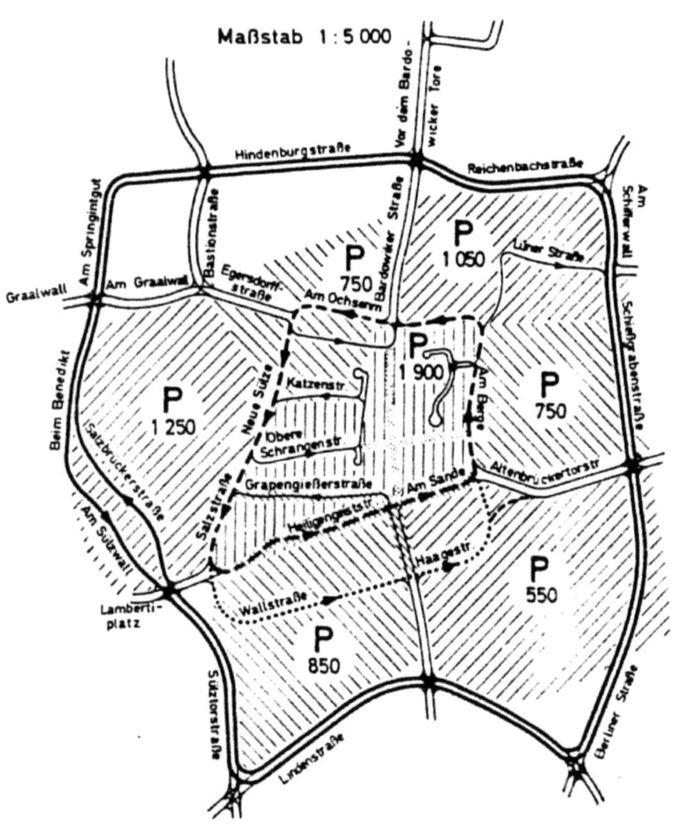

Erläuterung :

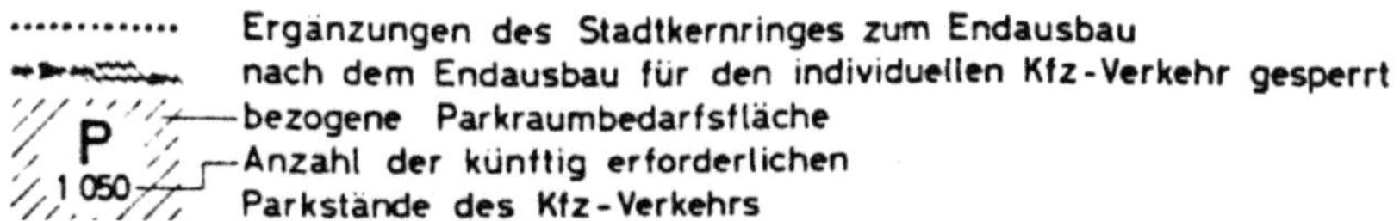

Abb. 6: Verkehrsführung in der Innenstadt nach SCHUBERT *1967*
Quelle: SCHUBERT *1967b, Abb. 34, Ausschnitt; StadtALg, AD/A VI 122*

nenstadt umschließenden Netz von Umgehungs- und Entlastungsstraßen ermöglicht werden (siehe Abb. 6).

Dabei stellte SCHUBERT aber auch in den Raum,

> *„zu prüfen, ob durch Sanierungsmaßnahmen Eingriffe in die Bausubstanz erforderlich werden und im Zusammenhang mit diesen Sanierungsmaßnahmen gegebenenfalls großzügige Verkehrsanlagen in einzelnen Teilen der Stadt geschaffen werden können"* (SCHUBERT 1967a, 48).

Im Ergebnis schlug er drei verschiedene Alternativen der Verkehrsführung in der Lüneburger Innenstadt vor (vgl. SCHUBERT 1967a, 58–61). Ohne detailliert auf deren Unterschiede eingehen zu wollen, sei darauf hingewiesen, dass alle Alternativvorschläge gewisse Eingriffe in die vorhandene innerstädtische Bausubstanz vorsahen.

c) Auswirkungen

Dementsprechend hinterließ der Generalverkehrsplan einige Spuren an der historischen Bausubstanz. Die Stadt begann bereits kurz nach dessen Vorstellung mit der Realisierung, indem sie Häuser – beispielsweise Am Berge 12 und 13 oder in der Salzstraße 21/22 (siehe Abb. 7) – abreißen ließ und durch Neubauten ersetzte, die im Sinne einer breiteren Straßenführung zurückversetzt und teilweise mit Arkadengängen für Fußgänger versehen wurden (vgl. SELLEN 2012, 65).[30]

Auf der anderen Seite wurden – aufbauend auf diesem Plan – aber auch Maßnahmen ergriffen, die die Verkehrsintensität in der Innenstadt abmilderten und keine Auswirkungen auf die Bausubstanz der historischen Altstadt hatten.[31] So wurden von 1970 bis 1974 die Kreuzung Hindenburgstraße

---

30 So wurde beispielsweise das Karstadt-Parkhaus so gebaut, dass es um circa drei Meter zurückversetzt und zunächst mit einem Arkadengang für Fußgänger versehen wurde. Erst mit Erscheinen eines neuen Generalverkehrsplans (siehe Kap. 7.1.2) wurde dieser obsolet und daher zugemauert (vgl. SELLEN 2012, 65). Ein weiterer Arkadengang für Fußgänger findet sich im IHK-Nebengebäude in der Heiligengeiststraße – er wird heute als Fahrradstellplatz genutzt (vgl. SELLEN 2012, 65).

31 Die Maßnahmen hatten hingegen Auswirkungen auf die Bausubstanz außerhalb der historischen Altstadt, denn damit ging der Abriss der MTV-Halle am Handwerkerplatz (vgl. ALA 1976, 4) sowie der Abriss des Pferde-Ausspanns Dreilinden an der Kreuzung Hindenburgstraße – Vor dem Bardowicker Tore – Reichenbachstraße – Bardowicker Straße (vgl. ALA 1982, 16-17) einher.

Abb. 7: Zurückversetztes Gebäude in der Salzstraße 21/22
Quelle: Eigenes Foto vom 23.07.2016

– Vor dem Bardowicker Tore – Reichenbachstraße – Bardowicker Straße und 1976 die Kreuzung Handwerkerplatz ausgebaut (vgl. SELLEN 2012, 62).

5.3   Folgen

Die umfangreichen Untersuchungen, Konzepte und Empfehlungen durch die Planungsgemeinschaft Dr. Matthei, Pinnekamp und Dr. Kleeberg sowie der Generalverkehrsplan hatten aus heutiger Sicht überwiegend negative Auswirkungen auf die Erhaltung der historischen Bausubstanz.

Durch die Feststellung, dass eine Wiederbebauung in der Westlichen Altstadt aufgrund der Senkungserscheinungen nicht möglich wäre (vgl. WISKOTT 2001, 179), sah sich die Stadt ab 1955 veranlasst, einsturzgefährdete Häuser aufzukaufen und abzureißen (vgl. SIROCKO 2012, 3). „Man war der Überzeugung, gegen diese Entwicklung machtlos zu sein und zog die Konsequenz, dieses Stadtgebiet als Siedlungsareal aufzugeben" (RING 2010, 14). Damit „stellte sich nur noch die Frage, in welcher Zeitspanne sich die Umwandlung in eine Parklandschaft vollziehen würde" (WISKOTT 2001, 179), wodurch auch notwendige Restaurierungs- und Renovierungsarbeiten in diesem Viertel ausblieben (vgl. WISKOTT 2001, 179).

1955 begannen die ersten Räumungen und Abrisse in den Straßen Auf der Altstadt, Rübekuhle, Neue Sülze, Salzstraße, Egerstorffstraße und Am Graalwall (vgl. PETER 1999, 548). Insgesamt wurden in der Altstadt bis in die 1970er Jahre über 200 Gebäude aus dem Mittelalter abgerissen (vgl. SIROCKO 2012, 3). Dadurch entstanden große Baulücken, die entgegen den Empfehlungen der Planungsgemeinschaft allerdings häufig nicht begrünt, sondern stattdessen als Parkplätze genutzt wurden (vgl. WISKOTT 2001, 177–179). Dies führte dazu, dass sich die Westliche Altstadt sozial immer mehr zu einem ‚Slumgebiet' entwickelte (vgl. WISKOTT 2001, 179). Die dort lebenden Menschen waren verunsichert und sorgten sich um ihre Häuser, da es gängige Praxis geworden war, Gebäude zu räumen und abzureißen, sobald Senkungsschäden auftraten (vgl. POMP 2001a, 199).[32]

Dennoch kümmerte sich die Stadtplanung zunächst nicht mehr weiter um diesen Stadtteil und legte ihren Fokus auf die Entstehung neuer Wohngebiete, die für eine Entlastung der Altstadt sorgen sollten (vgl. WISKOTT 2001, 179).[33]

---

32 Den Eigentümern der Häuser wurde dafür eine Entschädigung von in der Regel 5.000 bis 8.000 DM gezahlt (vgl. POMP 2001a, 199).

33 Die größten Neubauprojekte dieser Zeit waren die Bebauungen der Gebiete Rotes Feld, Kreideberg und Kaltenmoor (vgl. WISKOTT 2001: 179).

6 Der Arbeitskreis Lüneburger Altstadt e. V. (ALA)

Es gibt kaum eine Quelle aktuellerer Zeit, die die Stadtentwicklung Lüneburgs thematisiert, ohne den *Arbeitskreis Lüneburger Altstadt e. V.* zumindest zu erwähnen. Imme Ferger-Gerlach geht sogar so weit, Berichte über das Thema Sanierung in Lüneburg als unvollständig zu bezeichnen, „wenn nicht über den überaus aktiven, idealistisch arbeitenden ALA gesprochen würde" (Ferger-Gerlach 1981, 310).[34]

6.1 Entstehung des ALA

6.1.1 Anfänge des Widerstands

Das Vorgehen der Stadt im Senkungsgebiet weckte Unmut in der Bevölkerung. Vor allem der Bildhauer und Graphiker Curt H. Pomp, der sich dort 1969 freiwillig ansiedelte (vgl. Pomp 2013b, 149), verfolgte die Abrisse mit großen Zweifeln (vgl. Pomp 2015[35]). Er glaubte den Gutachten über die Senkungserscheinungen[36] und das Alter der Gebäude[37] nicht und fing an, das von ihm bewohnte Fachwerkhaus zu untersuchen und zu restaurieren (vgl. Pomp 2015, siehe Abb. 8). Anfangs noch skeptisch beobachtet, fand er mit der Zeit immer mehr Menschen, die sich seinem Ziel der Rettung der Westlichen Altstadt anschlossen (vgl. Pomp 2001a, 199). Auch der Chefredakteur der *Landeszeitung für die Lüneburger Heide (LZ)* wurde zu einem

---

34 Das ist umso interessanter, wenn man beachtet, wie dieselbe Autorin sich noch in den 1960er Jahren über die Westliche Altstadt äußerte: „Sehr wünschenswert wäre dagegen, wenn der Baublock zwischen Salzstraße und Schlägertwiete beseitigt würde: einerseits sind die Gebäude dieser Gasse sowieso häßlich, verwahrlost und baufällig, andererseits geht die Hauptabbruchkante mitten durch den Komplex, so daß die Häuser an der Salzstraße schwerste Schäden aufweisen" (Ferger 1969, 198).

35 Die Informationen basieren auf einem 2015 mit Curt H. Pomp geführten Interview. Das Transkript sowie die Audio-Datei liegen dem Herausgeber vor und waren Bestandteil der hier überarbeiteten Abschlussarbeit. Wird im Folgenden das Interview zitiert, ist dies mit Pomp 2015 kenntlich gemacht.

36 Unter anderem wurde behauptet, dass in der Westlichen Altstadt innerhalb von 30 Jahren ein See entstehen würde (vgl. Pomp 2015).

37 Deren Alter wurde auf ca. 200 Jahre geschätzt (vgl. Pomp 2001a, 201).

Abb. 8: Renovierung Untere Ohlinger Straße 7/8
Quelle: Sammlung ALA

Abb. 9: Untere Ohlinger Straße 7/8 heute
Quelle: Eigenes Foto vom 21.08.2016

Abb. 10: Fassade Untere Ohlinger Straße 7
Quelle: Eigenes Foto vom 21.08.2016

„Mitstreiter und verständnisvollen Förderer" (Pomp 2001a, 200) und veröffentlichte Pomps Aktivitäten detailliert (vgl. Pomp 2001a, 200). So wurden immer mehr Menschen auf die Initiative aufmerksam, von denen sich viele meldeten, „die entweder selbst ein altes Haus retten oder an der Erhaltung der Westlichen Altstadt mitwirken wollten" (Pomp 2001a, 200).

Bei den Restaurierungen traten immer wieder „unter vielfach abgehängten Decken die erhaltene ursprüngliche Dielendecke aus schwerem Eichengebälk [...] oder Reste originaler Einbauten" (Pomp 2001a, 200–201) hervor. Auch konnten Pomp und seine Mitstreiter häufig nachweisen, dass das von der Stadt geschätzte Alter der Gebäude zu niedrig angesetzt war[38] (vgl. Pomp 2001a, 202) und dass hinter vielen verputzten Gebäuden der Spätgotik und der Renaissance unentdeckte Kostbarkeiten lagen (vgl. Pomp 1977, 2).

Die Kommunalpolitiker der damaligen Zeit verstanden diese Bemühungen bis auf einige wenige Ausnahmen allerdings nicht (vgl. Pomp 2001a, 200)[39], worauf auch der im Jahr 1991 an Pomps Haus in der Unteren Ohlinger Straße 7 angebrachte Spruch „Herr schütze mich und die hier hausen vor Planern und Kulturbanausen" anspielt (siehe Abb. 10).

---

38 Statt der geschätzten 200 Jahre waren sie 300 bis 500 Jahre alt (vgl. Pomp 2001a, 202).

39 Ein aus heutiger Sicht fast amüsant anmutender Vorwurf der damaligen Zeit war, dass der *ALA* aus Lüneburg ein Rothenburg (Tauber) machen wolle (vgl. Pomp 1977, 1).

6.1.2 Gründung des ALA

Trotz der Aktivitäten Pomps und der immer weiter steigenden Anzahl von Mitstreitern beendete die Stadt die Abbruchmaßnahmen zunächst nicht (vgl. POMP 2001a, 201). Aus diesem Grund formierte sich die Gruppe der Abrissgegner 1972 zur Bürgerinitiative *Arbeitskreis zur Erhaltung und Revitalisierung der Lüneburger Altstadt* (vgl. SELLEN 2013b, 78). Um „nachdrücklicher auf Rat und Verwaltung einwirken zu können" (POMP 2001a, 201), ging daraus zwei Jahre später der *Arbeitskreis Lüneburger Altstadt e. V.*, kurz *ALA*, als gemeinnütziger Verein hervor (vgl. POMP 2001a, 201). Kurz nach der offiziellen Vereinsgründung am 1. Februar 1974 wurde der *ALA* in das Vereinsregister des Amtsgerichts Lüneburg eingetragen (vgl. SELLEN 2013b, 78).[40]

6.2 Ziele und Auffassungen des ALA

Der *ALA* verfolgte und verfolgt nach § 2 der Vereinssatzung den Zweck, „das Stadtbild Alt-Lüneburgs in seiner Gesamtheit und in der überlieferten Wesensart zu erhalten, zu pflegen und zu vervollkommnen". Außerdem möchte der Verein „die Bewahrung, Instandsetzung oder den Wiederaufbau von Bau- und Kulturdenkmälern fördern und die Innenstadt Lüneburgs [...] revitalisieren". Der Aufgabenbereich umfasst, ebenfalls nach § 2 der Satzung, „alle baulichen Maßnahmen an historischen Stätten sowie an Bau- und Kulturdenkmälern".

Im Gegensatz zur damaligen Sanierungspraxis, alles im Inneren der Gebäude zu entfernen und nur dessen Äußeres übrig zu lassen (vgl. POMP 1998b, 19), setzt sich der *ALA* bis heute „dafür ein, alte Häuser als Ganzes [...] zu erhalten, zu restaurieren und modernen Nutzungen zuzuführen" (ALA 2015c), So soll auch das Innere – das in der Regel deutlich älter als die Fassade der Gebäude ist – vor dem Abbruch bewahrt werden (vgl. HENSCHKE 1995, 64).

6.3 Entwicklung des ALA

Mit der Zeit wurden die Restaurierungen so vielseitig und umfangreich, dass der *ALA* „von gemeinschaftlicher Selbsthilfe zur Handwerksarbeit"

---

40 Die Eintragung erfolgte unter dem Aktenzeichen VR 719.

(POMP 2001a, 202) übergehen musste. Um die fachgerechte Restaurierung sicherzustellen, schulte der Verein und insbesondere Pomp die beauftragten Firmen selbst (vgl. POMP 2001a, 202).

Da ein Großteil der damals tätigen Architekten nicht im Sinne des *ALA* arbeitete, entschloss sich Pomp zur Gründung eines eigenen kleinen Planungsbüros (vgl. POMP 2001a, 202) und eröffnete 1979 zusammen mit Volker Reinshagen das Planungsbüro *Atelier für Restaurierung und Bauplanung GmbH*, kurz *ARB* (vgl. REINSHAGEN 2013, 62), das „sich auf die Projektion neuer Inhalte in alte Bauten bei weitestgehender Erhaltung der Substanz und unter Wahrung des Denkmalschutzes" (POMP 2001a, 203) spezialisierte.

Die Aktivitäten des Vereins weiteten sich mit der Zeit auf die gesamte Altstadt aus, „weil auch andere Teile Lüneburgs von Abrissen und Zerstörungen alter Bausubstanz nicht verschont blieben" (POMP 2001a, 199). Schon Anfang der 1980er Jahre zählte der *ALA* 70 Hausbesitzer mit über 90 Häusern zu seinen Mitgliedern (vgl. FERGER-GERLACH 1981, 310), heute hat der *ALA* rund 600 Mitglieder (vgl. SELLEN 2013a, 200).

6.4 Tätigkeiten des ALA

6.4.1 Öffentlichkeitsarbeit

Von Beginn an verfolgte der *ALA* in seiner Öffentlichkeitsarbeit eine ‚Doppelstrategie' (vgl. POMP 2001a, 202). Auf der einen Seite kritisierten dessen Vertreter die in der Altstadt stattfindenden Abrisse alter Bausubstanz sowie städtische Pläne zu Verkehr, Kaufhäusern etc. und „propagierten Lüneburg als Gesamtbaudenkmal von hohem Rang" (POMP 2001a, 203). Auf der anderen Seite zeigten sie, dass und auf welche Weise alte Gebäude schonend und unter Denkmalschutzaspekten restauriert werden können (vgl. POMP 2001a, 202–203). Um die Lüneburger Bevölkerung zu erreichen, etablierten sie zudem verschiedene Öffentlichkeitsinstrumente.

a) Aufrisse

Die sogenannten ‚Aufrisse' sind das Hauptorgan des *ALA*. Die jährlich erscheinende Vereinszeitschrift wurde erstmals im Jahr 1976 gedruckt und sollte

> *„Mitgliedern, Interessierten, Behörden, befreundeten Initiativen anderer Städte und Hochschulen für Architektur als Informationsquelle für Probleme des Denkmalschutzes und der Stadtbildpflege, vor allem in Lüneburg, dienen" (ALA 1976, 1).*

Damit wollte der *ALA* „dem erbittertsten Feind der Denkmalpflege, dem Abriß, entgegentreten" (ALA 1976, 1). Bis heute erscheinen die Aufrisse mit dem Ziel, zu informieren, aufzuklären und zu dokumentieren (vgl. ALA 2015h), allerdings ist ein Trend weg von der Anprangerung und Kritik hin zu historischen Aufarbeitungen und Dokumentationen erkennbar.

b) Internetauftritt

Eines der heute wohl wichtigsten Öffentlichkeitsinstrumente des Vereins ist die eigene Internetseite, die über www.alaev-lueneburg.de erreichbar ist. Dort informiert der *ALA* unter anderem über sich selbst und seine Geschichte, den Denkmalschutz, die Projekte des Vereins sowie über aktuelle Geschehnisse, Aktionen und Termine.

c) Diskussionsbeiträge

Ausführlich äußerte sich der *ALA* in Diskussionsbeiträgen zu bestimmten Themen. Der erste, aus dem Jahr 1977 stammende Diskussionsbeitrag ‚Erhaltung und Regenerierung der historischen Stadtstruktur – Führung des mittleren Ringes West' befasste sich detailliert mit der Fortschreibung des Generalverkehrsplans von Schubert aus dem Jahr 1975 (siehe Kap. 5.2) (vgl. KREMEIKE 1977).[41]

---

41 Am Konzept maßgeblich beteiligt war Hartwig Kremeike, der selbst 1976 bis 1979 Planungsdezernent bei der Bezirksregierung Lüneburg war und v. a. städtebauliche Aspekte in den *ALA* einbrachte (vgl. KREMEIKE 2013, 25).

Der zweite, aus dem Jahr 2004 stammende Diskussionsbeitrag setzte sich mit dem Thema ‚Wieder Schiffe und Boote in den alten Lüneburger Hansehafen' auseinander und sollte der Stadt und den Bürgern die Möglichkeiten einer Revitalisierung des Hafenviertels, u. a. durch die Etablierung von Wassertourismus, aufzeigen (vgl. KREMEIKE 2004).

d) Kalender

Auf die zahlreichen Abrisse in der Stadt machte der *ALA* von 1979 bis 1993 zusätzlich in seinen sogenannten ‚Abriss-Kalendern' aufmerksam, bei denen jeden Monat ein Lüneburger Gebäude abgebildet war, das in den letzten Jahren oder Jahrzehnten abgerissen worden war (vgl. ALA 2014). Die Zeichnungen stammten zum Großteil aus der Feder des Lüneburger Malers Adolf Brebbermann (vgl. ALA 2015g).[42] Ziel war es, damit die „Verluste von alter Bausubstanz durch meist sinnlose Abrisse und Vernichtungen von Lüneburger Häusern" (ALA 2015g) zu dokumentieren.

Später wurde das Sortiment um Fotokalender erweitert, die in erster Linie durch den *ALA* und dessen Mitglieder gerettete Häuser oder Gebäudeensembles zeigten.

e) Buchveröffentlichungen

Außerdem beteiligt sich der *ALA* an der Herausgabe von Büchern, sofern diese thematisch passen und einen Bezug zur Stadt Lüneburg aufweisen. Inzwischen wurden auch durch *ALA*-Mitglieder selbst zahlreiche Bücher verfasst.

f) Berichterstattung der Medien

Die Medienresonanz war vor allem in den Anfangszeiten des Vereins sehr groß. Bereits kurz nach der Gründung berichteten mehrere Zeitungen und Rundfunkanstalten wie beispielsweise der *NDR*, *DIE WELT* oder der *BR* von den Aktivitäten des *ALA* (vgl. ALA 1977, 15). Auch die führende Lokalzeitung der Stadt, die *LZ*, berichtete zu Beginn sehr viel und sehr positiv

---

42   Von 144 Abbildungen stammen 132 aus dessen Feder (vgl. ALA 2015g), alle 144 Abbildungen sind heute in einem PDF-Dokument auf der Internetseite des *ALA* zu finden (vgl. ALA 2014).

über den Verein (vgl. POMP 2001a, 200).[43] Nach wie vor findet der *ALA* Eingang in die Berichterstattung der Medien – so zum Beispiel bei der *LZ*, beim *NDR* oder beim *Hamburger Abendblatt*.

6.4.2 Veranstaltungen

Die Veranstaltungen des *ALA* sind Öffentlichkeitsarbeit und Finanzquelle zugleich. Seit Anfang der 1980er Jahre werden die Alte Handwerkerstraße und der Christmarkt bei St. Michaelis ehrenamtlich organisiert. Beide erwiesen sich schnell als sehr erfolgreiches Mittel der Öffentlichkeitsarbeit und sind inzwischen auch überregional bekannt (vgl. POMP 2001a, 204). Im Laufe der Zeit entwickelten sie sich zu den wichtigsten Einnahmequellen des *ALA* (vgl. SELLEN 2013a, 201).

a) Alte Handwerkerstraße

Die Alte Handwerkerstraße wurde 1982 zum ersten Mal organisiert (vgl. WHITON 2013, 56). Zunächst im jährlichen Rhythmus veranstaltet (vgl. POMP 2001a, 204), findet sie seit 2003 alle zwei Jahre statt (vgl. ALA 2015a).

In von *ALA*-Mitgliedern selbst genähten Trachten des 16. Jahrhunderts zeigen Handwerker dabei überlieferte Techniken, die nach Ansicht des Vereins notwendig sind, um Häuser aus dieser Zeit fachgerecht zu renovieren (vgl. ALA 2015a). Gleichzeitig können die Handwerker ihr Wissen austauschen und sich Besitzern alter Gebäude, die Fachleute oder Produkte für eine Restaurierung benötigen, präsentieren (vgl. ALA 2015a).

b) Christmarkt bei St. Michaelis

Der historische Christmarkt an der St. Michaeliskirche orientiert sich ebenfalls an der Zeit des 16. Jahrhunderts (vgl. ALA 2015b). Er findet seit 1983 jedes Jahr am ersten Dezemberwochenende statt und ist inzwischen auch über die Grenzen Deutschlands hinweg bekannt (vgl. WHITON 2013, 57–58). An rund 60 mittelalterlich gestalteten Ständen bieten Weber, Töpfer, Tischler, Korbflechter, Schneider, Schmiede sowie zahlreiche weitere Vertreter

---

43   Das Verhältnis zwischen *ALA* und *LZ* verschlechterte sich allerdings in den 1980er Jahren, als es um den Abriss von Häusern in der Kalandstraße ging, die der *Nordland-Druck GmbH* gehörten und deren Gesellschafter zugleich Verleger der *LZ* waren (vgl. WICHMANN 1987/1990, 27–29).

alter Handwerksberufe ihre Waren an (vgl. WHITON 2013, 57). Einnahmen generiert der *ALA* hierbei aus den eigenen Verkaufsständen, Eintrittsspenden sowie Spenden der teilnehmenden Aussteller (vgl. WHITON 2013, 58).

6.4.3 Tätigkeiten auf praktischer Ebene

a) Sammeln und Spenden historischer Hauselemente

In den Anfangszeiten des Vereins lag der Schwerpunkt auf der „Rettung und Weitergabe historischer Baumaterialien an Restaurierungswillige" (FERGER-GERLACH 1981, 310). Noch vor der Gründung des *ALA* ließen Handwerker Pomp häufig alte Türen zukommen, um sie vor der Entsorgung zu bewahren (vgl. POMP 2012, 36). Dies hing unter anderem damit zusammen, dass er in der Presse dafür warb, alte Elemente nicht wegzuwerfen und sich stattdessen bei ihm zu melden (vgl. LZ 1972). Auch dadurch, dass Mitglieder des Vereins bei Abrissen häufig anwesend waren, um Türen oder andere Elemente der Häuser zu retten, wurden die Bestände zunehmend größer (vgl. POMP 2012, 36). Viele der Türen wurden schnell wieder in Häuser eingesetzt, die sich in der Restaurierung befanden (vgl. POMP 2012, 36). Waren keine passenden Türen vorhanden, wurden neue entworfen und angefertigt (vgl. POMP 2012, 36). Diese Aktivitäten waren vor allem in Anbetracht dessen, dass von 307 im Jahr 1928 gezählten alten Türen im Jahr 1978 nur noch 138 erhalten waren, von besonderer Bedeutung (vgl. ALA 1978, 13). Neben Türen rettete der *ALA* zahlreiche weitere Elemente und Materialien, die er bei Restaurierungen zur Verfügung stellte. Dazu zählten unter anderem Dachpfannen, Klostersteine, Fenster und Glas (vgl. POMP 2015), aber auch ganze Eichenbalken (vgl. FERGER-GERLACH 1981, 310).

Abb. 11: Renovierungsarbeiten Pomps in der Schlägertwiete 5, 1977
Quelle: Sammlung ALA

b) Beratung und praktische Hilfe bei Restaurierungen

Von Beginn an kaufte der Verein Häuser (vgl. Pomp 2015) und bot Interessierten Beratungen „in baukulturellen oder bautechnischen Fragen" (ALA 2013c) an. Da Banken Restaurierungswilligen für ein zum Abriss bestimmtes Gebiet keine Kredite gaben, war diese Tätigkeit für viele Privatpersonen von großer Bedeutung (vgl. Pomp 2015). Die Restaurierungsarbeiten basierten auf der noch vorhandenen Bausubstanz:

> *„Wenn beispielsweise bei einem Haus in der Renaissance Veränderungen vorgenommen worden sind, so wurde nicht um jeden Preis versucht, den nicht mehr existenten gotischen Urzustand zu rekonstruieren"* *(ALA 1982, 13),*

sondern sich darum bemüht, den ältesten unter dem Putz noch vorhandenen Zustand wieder hervorzuholen (vgl. ALA 1982, 13). Ab 1979 fand die Beratungstätigkeit durch das Planungsbüro *ARB* statt (siehe Kap. 6.3).

Auf praktischer Ebene ist zudem der kostenlose Verleih eines Stahlgerüsts nennenswert, den Privatpersonen in Anspruch nehmen konnten, sofern „die Restaurierung im denkmalpflegerischen Sinne gewährleistet" (ALA 1985, 30) war.

c) Vermittlung von Häusern

Auch die Vermittlung von Häusern ist als wichtige Tätigkeit des Vereins auf praktischer Ebene zu sehen. In Zeiten der großflächigen Abrisse versuchten Pomp und seine Mitstreiter, die leerstehenden bzw. verkäuflichen Gebäude in der Westlichen Altstadt an Personen zu vermitteln, die den Kauf oder Bau eines eigenen Hauses planten (vgl. Pomp 2015).

d) Finanzielle Unterstützung bei Restaurierungsarbeiten

Durch Mitgliedsbeiträge, Spenden, Stiftungsgelder[44], den Verkauf von Veröffentlichungen wie Kalendern oder Büchern sowie durch Führungen und insbesondere die genannten großen Veranstaltungen stehen dem *ALA* um-

---

44   Hier ist vor allem die Wieckhorst-Stiftung zu nennen, die dem *ALA* testamentarisch im Jahr 1998 ein Vermögen von rund 100.000 Euro übertrug (vgl. ALA 2015d).

fangreiche finanzielle Mittel zur Verfügung, die in erster Linie in die Bezuschussung von Restaurierungen von Baudenkmälern fließen (vgl. ALA 2013c).

Neben der finanziellen Förderung von durch Privatleute vorgenommenen Restaurierungen zählen dazu auch öffentliche Baudenkmäler, die zu verfallen drohen. Aber auch andere Stadtbildpflegemaßnahmen, wie beispielsweise die Errichtung alter Straßenlaternen oder Pflasterungen, gehören zum Spektrum der finanziellen Unterstützungsmaßnahmen des *ALA*.

6.4.4 *Tätigkeiten auf politischer Ebene*

Zwei Jahre nach Gründung des *ALA*, im Dezember 1976, wurde Pomp eingeladen, als einer von vier weiteren Sachverständigen im Stadtbildpflegeausschuss vertreten zu sein (vgl. STADT LÜNEBURG 1976c, 1). Interessant erscheint dabei die Tatsache, dass ein von Pomp im Februar 1976 gestellter Antrag auf Zuschuss mit der Empfehlung, diesen „mit Hinweis auf die derzeitige Haushaltslage abzulehnen" (STADT LÜNEBURG 1976a, 7), abgewiesen wurde, während ein zweiter, im August desselben Jahres gestellter Antrag mit der Empfehlung versehen wurde, ihm „wegen hohen persönlichen und materiellen Engagements einen Zuschuss in Höhe von 5.000,-- DM aus Mitteln der Stadtbildpflege zu gewähren" (STADT LÜNEBURG 1976b, 6).

Nach der Auflösung des Stadtbildpflegeausschusses im Jahr 1996 konnte der *ALA* seine Anliegen nur noch über den Ausschuss für Bauen und Stadtentwicklung vorbringen, in dem er bis heute mit einem Vorstandsmitglied vertreten ist – allerdings hat er hier kein Stimmrecht, sondern lediglich Beratungsfunktion (vgl. BURGDORFF 2012, 4).[45]

---

45 Die vom *ALA* vorgebrachten Anregungen werden allerdings offenbar häufig nicht beherzigt, es ist sogar von „Beratungsresistenz" die Rede (vgl. BURGDORFF 2012, 4).

7 Einflüsse des ALA

Heute besteht weitestgehend Einigkeit darüber, dass der *ALA* einen wesentlichen Einfluss darauf hatte, dass die Westliche Altstadt in ihren Grundzügen erhalten geblieben ist (vgl. bspw. SIROCKO 2012, 38; KREMEIKE 2006, 19; FERGER-GERLACH 1981, 310).

Um dessen Tätigkeiten und Erfolge beurteilen zu können, sollen im Folgenden zunächst die neuen Stadtentwicklungskonzepte aufgezeigt werden, die in die Anfangszeit des Vereins fallen, bevor eine Einschätzung der Einflüsse des *ALA* stattfindet.[46]

7.1 Neue Stadtentwicklungskonzepte in Lüneburg

Anfang der 1970er Jahre traten erste Überlegungen und Vorbereitungen zur Sanierung der Westlichen Altstadt ein. Dabei spielten zwei parallele Entwicklungen eine Rolle. Erstens weckte der immer schlechter werdende Zustand dieses Stadtteils in der Bevölkerung zunehmend Widerstand gegen das bisherige Sanierungskonzept (vgl. SIROCKO 2012, 3). Vor allem die erfolgreichen Restaurierungen des *ALA* zeigten der Lüneburger Bevölkerung, „dass man in solchen Häusern leben kann und diese auch noch schön aussehen können" (RING 1999b, 9). Zweitens hatte parallel dazu auch auf Bundesebene ein Umdenken hin zu Gebäudeerhaltungen begonnen, das sich unter anderem in der Verabschiedung des StBauFG niederschlug (siehe Kap. 2.1.2).

7.1.1 Vorbereitende Untersuchung durch die GEWOS (1972)

Anschließend an eine 1968 an der Pädagogischen Hochschule Lüneburg durchgeführte soziologische Untersuchung der Westlichen Altstadt, die einerseits nachwies, dass eine Sanierung notwendig war, andererseits dabei half, das Gebiet klar einzugrenzen (vgl. WISKOTT 2001, 179–180), beauftrag-

---

46 Zwar steht außer Frage, dass der *ALA* und das Planungsbüro *ARB* miteinander verbunden waren und dass auch das Planungsbüro einen entscheidenden Einfluss auf Lüneburg ausgeübt hat, allerdings soll im Rahmen dieser Arbeit der Einfluss des *ALA* untersucht werden.

te die Stadt 1970 die *Gesellschaft für Wohnungs- und Siedlungswesen mbH, Hamburg (GEWOS)* mit der Erstellung einer vorbereitenden Untersuchung nach dem StBauFG (vgl. FERGER-GERLACH 1981, 294). Diese sollte gesetzesgemäß nachweisen, dass städtebauliche Missstände vorlägen, die durch Sanierungsmaßnahmen behoben werden könnten und dass ein „öffentliche[s] Interesse an der einheitlichen Vorbereitung und zügigen Durchführung solcher Maßnahmen" (WISKOTT 2001, 181) bestehe.

a) Untersuchungen

Auch dieses 297 Seiten starke ‚Gutachten zur Erneuerung der Innenstadt von Lüneburg' war zum überwiegenden Teil eine Bestandsaufnahme.[47]

Zunächst wurden die Struktur und die Entwicklungstendenzen der Stadt und des Raumes Lüneburg (I) untersucht, wobei sehr detailliert auf Lage, Abgrenzung und Siedlungsstruktur (1), Bevölkerung (2), Wirtschaft (3), Verkehrssituation und Lage (4) und Zentrale Funktionen (5) eingegangen wurde. Anschließend wurde die Struktur der Innenstadt (II) näher beleuchtet, was den baulichen Bestand (1), die Betriebsstätten (2), die Bevölkerung (3) sowie die Frage der Sanierungsbedürftigkeit (4) beinhaltete.

Das Resultat war die Bestätigung der Sanierungsbedürftigkeit, wobei das Senkungsgebiet als einer der vorrangigen Bereiche betrachtet wurde (vgl. GEWOS 1972, 130).[48]

Abschließend wurde die Entwicklung des von der *GEWOS* vorgeschlagenen Sanierungskonzepts (III) erläutert. Vor allem dieser Punkt ist für die vorliegende Arbeit von Interesse.

b) Ergebnisse

Das Gutachten ordnete den historischen Hafen, den Markt, den Platz Am Sande, die Kirchenbereiche sowie die Hauptgeschäftsstraßen und die zwei Hauptstraßen des Senkungsgebiets als unbedingt erhaltenswert ein (vgl. GEWOS 1972, 252–254).

---

47   Das Gutachten liegt im Stadtarchiv vor. Signatur: AD A VI 50b.

48   Als weitere dringend zu sanierende Gebiete nannte die *GEWOS* die Bereiche Glockenstraße – Papenstraße – Wandfärberstraße – Auf dem Wüstenort, alter Hafen zwischen Am Werder und Koltmannstraße, Hinter der Bardowicker Mauer – Burmeisterstraße und Schlägertwiete – Lambertiplatz – Im Timpen (vgl. GEWOS 1972, 130).

Abb. 12: Östliche Altstadt nach GEWOS-Gutachten 1972
Quelle: GEWOS 1972, Abb. 52, StadtALg, AD A VI 50b

Als ‚Entwicklungsbereiche' wurden das Michaeliskloster, Hinter der Bardowicker Mauer, der Glockenhof, das Ilmenau-Ufer, das westliche Ende der Heiligengeiststraße sowie die Untere Ohlingerstraße eingeordnet (vgl. GEWOS 1972, 255–256). Bei Letzterer wurde – vermutlich Bezug nehmend auf die zu diesem Zeitpunkt bereits stattfindenden Aktivitäten Pomps und seiner Mitstreiter – darauf hingewiesen, dass sie „bei entsprechender Nutzung und Pflege (Privatinitiative) räumlich und baulich aktiviert werden" (GEWOS 1972, 255) könne.

Abb. 13: Westliche Altstadt nach GEWOS-Gutachten 1972
Quelle: GEWOS 1972, Abb. 51, StadtALg, AD A VI 50b

Während die *GEWOS* bezüglich der Östlichen Innenstadt (Bereiche ‚Hafen' und ‚Am Berge') darauf hinwies, dass „von einer weitgehenden Erhaltung der Blockrandbebauung ausgegangen werden" (GEWOS 1972, 293) müsste (siehe Abb. 12), fiel die als zu erhalten eingestufte Randbebauung in der Westlichen Altstadt (Bereiche ‚Altstadt' und ‚Sülze') wesentlich geringer aus (vgl. GEWOS 1972, 291) (siehe Abb. 13). Bei beiden Gebieten wurden Blockentkernungen für notwendig erachtet (siehe Abb. 12 und 13). Zudem sah das Gutachten eine Altstadtrandstraße vor (vgl. WISKOTT 2001, 181).

c) Auswirkungen

Auf das Gutachten folgte noch im selben Jahr (1972) die Ernennung des Bereichs Glockenstraße/Glockenhof zum Sanierungsgebiet Nr. 1 nach StBauFG (vgl. FERGER-GERLACH 1981, 305). Dies sah eine gemeinsame und zu gleichen Anteilen getragene Finanzierung der Sanierungsmaßnahmen von Bund, Land und Kommune vor (vgl. WISKOTT 2001, 180). 1975 wurde Lüneburg in das Sonderprogramm ‚Stadtsanierung 1975' aufgenommen (vgl. FERGER-GERLACH 1981, 294 und 305). 1977 wurde die Westliche Altstadt zum Sanierungsgebiet Nr. 2 nach StBauFG ernannt (vgl. FERGER-GERLACH 1981, 300).

Im Gutachten als positiv hervorzuheben sind die umfassende und historisch eingeordnete Analyse des Stadtbildes sowie das Aufzeigen von Möglichkeiten, wie und vor allem dass die Westliche Altstadt trotz Senkungserscheinungen bebaubar wäre (vgl. WISKOTT 2001, 181).

Dennoch wurden nur wenige der dort empfohlenen Maßnahmen zur Sanierung der Westlichen Altstadt ergriffen, da die *GEWOS* letztendlich nicht konkret genug aufzeigte, wie die Sanierung durchgeführt werden könnte (vgl. WISKOTT 2001, 181). So wurde „dieses Gutachten zunächst in die Schublade gelegt und kaum weiterverfolgt" (WISKOTT 2001, 181).

7.1.2 Generalverkehrsplan von 1975

1975 wurde die erste Fortschreibung des Generalverkehrsplans aus dem Jahre 1966/67 (siehe Kap. 5.2) von Dipl.-Ing. Dr. Hellmut SCHUBERT veröffentlicht.[49] Damit wurden die Pläne des bereits angesprochenen und vor allem in Bezug auf die historische Bausubstanz als problematisch zu bezeichnenden Inneren Stadtkernrings aufgegeben (vgl. SCHUBERT 1975a, 89) und ein „Umfahren der Innenstadt [..] nur noch auf dem mittleren Ring" (SCHUBERT 1975a, 89) in Erwägung gezogen. Dieser mittlere Ring sah zwar keinerlei Eingriffe in die Bausubstanz mehr vor, der Ausführungsvorschlag beinhaltete aber, den Verkehr über den Lambertiplatz sowie zwischen Kalkberg und Altstadt verlaufen zu lassen (vgl. SCHUBERT 1975a, 91; SCHUBERT 1975b, 25).

---

49   Dieser ist im Stadtarchiv einsehbar. Signatur: AD/A VI 13^1 (Erläuterungsbericht) und AD/A VI 13^2 (Abbildungen).

Gegen diesen Trassenverlauf äußerte der *ALA* starke Bedenken, da er diesen als für die Entwicklung der Altstadt hinderlich betrachtete (vgl. Kremeike 1977, 3). Mit einem Diskussionsbeitrag konnte letztlich eine Verlegung der Trasse westlich des Kalkberges erreicht werden (vgl. Sellen 2012, 68).

7.1.3 Offenes Gutachterverfahren für die Westliche Altstadt 1975

Unabhängig von den Verkehrsplanungen „wuchs der Druck auf Verwaltung und Politik weiter, eine Lösung für die Westliche Altstadt zu suchen" (Wiskott 2001, 181). Bereits 1973 reiften Pläne, einen bundesweiten Ideenwettbewerb zur Bebauung dieses Stadtteils auszuschreiben (LZ 1973). Im Jahr 1975 wurde von den Vertretern der Stadt beschlossen, ein offenes Gutachterverfahren durchzuführen (vgl. Wiskott 2001, 181). Dazu beauftragten sie vier Architektengruppen[50] mit der Erarbeitung städtebaulicher Entwürfe für das Senkungsgebiet (vgl. Ferger-Gerlach 1981, 305). Die aus Lüneburg stammende Planergruppe bestand aus den Architekten Hoek, von Mansberg und Wiskott (vgl. Wiskott 2001, 181).

Neben Politikern wurde auch der *ALA* über einen regelmäßig einberufenen Gutachterbeirat an diesem Verfahren beteiligt (vgl. Ferger-Gerlach 1981, 305; Wiskott 2001, 181).

Einerseits waren die von den Architektengruppen erarbeiteten Vorschläge und Planungskonzepte teilweise widersprüchlich und führten zum Teil eher zu offenen Fragen als zu klaren Empfehlungen (vgl. Stiens 2001, 183), andererseits ist als positiv hervorzuheben, dass man sich bemühte, auch Überlegungen zu integrieren, inwiefern mithilfe technischer Neuerungen eine Bebauung des Gebietes inklusive der auf der Abbruchkante liegenden Grundstücke möglich wäre (vgl. Wiskott 2001, 181). Dies läutete das Ende der „Kahlschlag-Sanierung [..], die schon so viele alte Städte ihre Identität gekostet hatte" (Pomp 2001a, 203), ein.

---

50 Diese stammten aus Hannover, Hamburg, Lüneburg und Darmstadt (vgl. Ferger-Gerlach 1981, 305).

7.1.4 Die Westliche Altstadt als Sanierungsgebiet 1976/1977

Basierend auf den Ergebnissen des offenen Gutachterverfahrens wurde 1976 ein Neuordnungskonzept für die Westliche Altstadt entwickelt, das als Grundlage für die Aufstellung von Bebauungsplänen dienen sollte, allerdings nie rechtsverbindlich war (vgl. FERGER-GERLACH 1981, 307).

Parallel dazu wurde darauf hingearbeitet, die Westliche Altstadt als Sanierungsgebiet auszuweisen. Die förmliche Ernennung zum Sanierungsgebiet Nr. 2 erfolgte schließlich im September 1977 (siehe Kap. 7.1.1), die Vergabe von Geldern jedoch erst ab 1980 (vgl. FERGER-GERLACH 1981, 308). Da nach dem StBauFG ein Treuhänder als Vertreter der Stadt vorgeschrieben war, wurde hierfür 1979 ein Vertrag mit der städtischen Gemeinnützigen Wohnungsbaugenossenschaft Lüneburg abgeschlossen (vgl. FERGER-GERLACH 1981, 308).

7.1.5 Neues Sanierungskonzept für die Westliche Altstadt 1985/1986

Es sollte weitere fünf Jahre dauern[51], bis die Stadt Ende 1984 nach „Jahren der Stagnation und planerischer Unsicherheit" (STIENS 2001, 183) die Lüneburger Architektengemeinschaft *BDA Hoek, von Mansberg und Wiskott* unter der Leitung von Dipl.-Ing. Bernt Wiskott mit der Überarbeitung und Aktualisierung der bisherigen Ideen und der Erstellung eines neuen Gutachtens beauftragte (vgl. STIENS 2001, 183).

a) Empfehlungen

Auf Basis dieses Gutachtens und weiterer Ergänzungen durch die städtische Bauverwaltung wurde empfohlen, unter Beibehaltung der Kleinmaßstäblichkeit die Bevölkerungszahl der Westlichen Altstadt durch Neubebauung wieder zu erhöhen (vgl. STIENS 2001, 183). Zudem sollte das Viertel durch

---

51 WISKOTT sieht im Nachhinein aber durchaus Vorteile, dass zwischen der Veröffentlichung des Gutachtens der *GEWOS* im Jahr 1972 und der Ergreifung von konkreten Maßnahmen im Jahr 1984 über zehn Jahre verstrichen: „Während nach dem Erlaß des STBauFG viele Städte heftig die neuen finanziellen Möglichkeiten nutzen, mit negativen gestalterischen und sozialen Folgen" (WISKOTT 2001, 181), konnte man in Lüneburg „von den Fehlern anderer Städte lernen" (WISKOTT 2001, 181), was letztlich zu einer ‚behutsamen Sanierung' der Westlichen Altstadt geführt habe (vgl. WISKOTT 2001, 181).

kleinere Maßnahmen wie Grünflächen und Verkehrsberuhigung attraktiver werden (vgl. STIENS 2001, 183). Auch wurde empfohlen, die im *GEWOS*-Gutachten erwogene Idee der Altstadtrandstraße aufzugeben[52] sowie bauliche Schwerpunkte[53] vorrangig in Angriff zu nehmen (vgl. STIENS 2001, 184).

b) Verabschiedung und Durchführung

Die Beratungen fanden ebenfalls unter Einbindung des *ALA* statt (vgl. STIENS 2001, 185). 1986 verabschiedete der Stadtrat ohne Gegenstimme das sogenannte ‚Neuordnungskonzept‘ (vgl. STIENS 2001, 185). Für die Bewohner und Betroffenen des Viertels bedeutete dies erstmals seit Kriegsende Planungssicherheit (vgl. STIENS 2001, 185) und die

> *„Stadt Lüneburg selbst verfügte nunmehr über ein Instrument, das es erlaubte, nach Jahren der Konzeptionslosigkeit eine zielgerichtete Entwicklung in der Westlichen Altstadt zu realisieren"* (STIENS 2001, 185).

Nach Problemen mit dem 1979 eingesetzten Treuhänder (vgl. POMP 1985, 7) übernahm die *Niedersächsische Landesentwicklungsgesellschaft (NILEG)* diese Funktion (vgl. POMP 2001a, 203). Von diesem Zeitpunkt an „lief die Sanierung der Westlichen Altstadt reibungslos und im besten Einvernehmen mit dem ALA ab" (POMP 2001a, 203). Mithilfe eines Sanierungsbeirates als Betroffenenvertretung konnte der *ALA* die Sanierung auch weiterhin aktiv und intensiv begleiten (vgl. STIENS 2001, 186). Die Finanzierung erfolgte über die Städtebauförderung (siehe Kap. 2.1.2) und die Laufzeit war auf ca. 10 Jahre angesetzt (vgl. STIENS 2001, 184–185).

---

52 Gleichzeitig wurde darauf hingewiesen, dass der „Wegfall der Altstadtrandstraße [...] zu einem Verbleiben starker Verkehrbewegungen auf der Salzbrückerstraße und vor allem der Neuen Sülze/Salzstraße" (STIENS 2001, 184) und damit einer Zäsur zwischen Altstadt und Innenstadt führen würde (vgl. STIENS 2001, 184). Alternativen wurden hingegen keine genannt (vgl. STIENS 2001, 184).

53 Dies waren die Wiederherstellung der Randbebauung am Marienplatz, die Ordnung des Platzes Vierorten, die Neugestaltung der Abbruchkante Neue Sülze/Salzstraße sowie die Gestaltung Lambertiplatz (vgl. STIENS 2001, 184).

c) Folgen

Neun Jahre nach dem Ratsbeschluss konnte für ca. ein Viertel der Westlichen Altstadt der förmliche Status als Sanierungsgebiet aufgehoben werden (vgl. STIENS 2001, 187). 1999 wurde die Sanierung des Gebietes offiziell abgeschlossen, da die meisten der von der Planungsgemeinschaft empfohlenen baulichen Schwerpunkte bis zu diesem Zeitpunkt erreicht waren (vgl. STIENS 2001, 185–187).[54] Auch die Bevölkerungszahlen konnten wie geplant erhöht werden (vgl. STIENS 2001, 187).

Die für die Sanierung der Westlichen Altstadt aufgewendeten finanziellen Mittel werden auf insgesamt 45 Mio. DM öffentliche Sanierungs- und Strukturhilfemittel plus 200 Mio. DM Investitionen privater und öffentlicher Bauherren geschätzt (vgl. STIENS 2001, 187).

7.2 Einflussnahme des ALA auf praktischer Ebene

Die Einflüsse des *ALA* auf die Rettung der Westlichen Altstadt zu beschränken, würde zu kurz greifen. Der Verein hat auf vielen weiteren Ebenen einen positiven Einfluss auf die Lüneburger Altstadt ausgeübt. Im Folgenden soll näher darauf eingegangen werden, wie diese Einflussnahme innerhalb und außerhalb der Westlichen Altstadt aussah und aussieht.

7.2.1 Einflussnahme durch Restaurierungsmaßnahmen, Beratung und Bereitstellung von Baumaterialien

Die bereits in Kapitel 6 dargestellte Unterstützung durch Beratung und die Bereitstellung von gesammelten Baumaterialien hat vor allem in den Anfangszeiten des Vereins zahlreichen Baudenkmälern und Gebäuden (insbesondere in der Westlichen Altstadt) wieder zu neuem Glanz verholfen und gezeigt, dass diese durchaus erhaltenswert sind. Nennenswert sind unter anderem die Restaurierung des Kapitelsaals des alten Benediktinerklosters St. Michaelis (vgl. ALA 2012b: 80) sowie die des Speichers Am Iflock 4 (sie-

---

54   Das Projekt war allerdings „wegen noch nicht beendigter Maßnahmen" (STIENS 2001, 187) zu diesem Zeitpunkt nicht komplett abgeschlossen. Letztlich wurden einige Vorhaben, so beispielweise eine Umgestaltung des Lambertiplatzes, auch danach nicht mehr realisiert (vgl. STIENS 2001, 185).

Abb. 14: Auf dem Meere in der Westlichen Altstadt
Quelle: Eigenes Foto vom 17.07.2016

Abb. 15: Speicher Am Iflock 4
Quelle: Eigenes Foto vom 21.08.2016

he Abb. 15), der sich seit 1992 im Eigentum des *ALA* befindet (vgl. ALA 2013c). Das zunächst ebenfalls als nicht erhaltenswert eingestufte Gebäude aus dem Jahr 1470 gilt als eines der ältesten Fachwerkhäuser der Region (vgl. POMP 2001a, 202). Heute wird es als Speicher genutzt, in dem vor allem alte Baumaterialien und für die *ALA*-Veranstaltungen benötigte Gegenstände lagern (vgl. ALA 2013c).

7.2.2 Ansiedlungspolitik in der Westlichen Altstadt

Ein wesentlicher Punkt bei der Revitalisierung der Westlichen Altstadt waren die aktiven Ansiedlungsbemühungen von Pomp. Wenn Bekannte planten, sich ein eigenes Haus zu kaufen, versuchte er, sie vom Kauf eines Hauses in der Westlichen Altstadt zu überzeugen (vgl. POMP 2015). In einer Zeit, in der diese Gebäude noch sehr günstig zu erwerben waren, war diese Maßnahme durchaus erfolgreich, sodass auch Familien mit Kindern angelockt werden konnten und dem Bevölkerungsschwund des Stadtteils entgegengewirkt werden konnte (vgl. POMP 2015). Dies führte auch zu einer Veränderung der Bevölkerungszusammensetzung und einer Aufwertung der nach dem Zweiten Weltkrieg als Slumgebiet verrufenen Westlichen Altstadt (vgl. POMP 2015).

7.2.3 Erhaltung durch Widerstand

Eines der wohl wichtigsten Instrumente des *ALA* ist die Öffentlichkeitsarbeit. Durch die Kritik an und Dokumentation von problematischen Entwicklungen in Bezug auf Denkmalpflege und Stadtentwicklung erfüllt der Verein bis heute „die Funktion eines kritischen Aufpassers, Warners und aktiven Streiters" (FERGER-GERLACH 1981, 311).

So konnte beispielsweise durch „Proteste, Eingaben, Unterschriftensammlungen, Zeitungsberichte und viele Gespräche mit den damals Verantwortlichen" (POMP 1998b, 19) Ende der 1970er Jahre ein altes Kaufmannshaus in der Salzbrückerstraße 70/71a vor dem Abriss bewahrt werden.[55] Auch beim Kampf gegen eine Tiefgarage unter dem Marktplatz konnten durch Zusammenschluss mit anderen Vereinen und Gruppen zur Bürger-

---

55   Diese Abrisspläne basierten auf dem Generalverkehrsplan von SCHUBERT aus dem Jahr 1975 (siehe Kap. 7.1.2).

initiative ‚Rettet den Lüneburger Marktplatz' 12.000 Unterstützer gefunden und der Bau so verhindert werden (vgl. SELLEN 2013a, 200).

7.2.4 Einflussnahme durch Ideen und Anregungen

a) Salzmuseum

Noch vor der Schließung der Saline im September 1980 wurde vom *ALA* angeregt, an deren Stelle ein Museum zum Thema Salz bzw. Saline zu bauen (vgl. POMP 2007/2013, 47–48). Sowohl bei der Stadt als auch beim damaligen Direktor des *Museums für das Fürstentum Lüneburg* stießen sie mit dieser Idee größtenteils auf Unverständnis (vgl. POMP 2007/2013, 47). Dennoch gründeten sie im Februar 1981 den *Förderkreis Industriedenkmal Saline Lüneburg* und nahmen Kontakt zum damaligen Betreiber der Saline auf (vgl. ALA 1982, 22). Auf Podiumsdiskussionen und Bürgerversammlungen wandelte sich die Stimmung letztlich (vgl. POMP 2007/2013, 48), sodass 1989 auf dem ehemaligen Salinengelände das *Deutsche Salzmuseum* eröffnet werden konnte (vgl. SELLEN 2013a, 201).

b) Schiffe im Hafen

Auch die im Hafen liegenden Schiffe, ein Salz-Ewer und ein Salz-Prahm[56], gehen auf die Initiative Curt H. Pomps sowie Christian Lamschus vom Salzmuseum zurück und wurden in Zusammenarbeit mit der *Agentur für Arbeit, job-sozial* sowie der *VHS* gebaut (vgl. ALA 2012b, 48). Die Materialkosten wurden vom *ALA* und vom Salzmuseum getragen (vgl. ALA 2013c). Die Fertigung des Ewers erfolgte 2009 durch jugendliche Arbeitslose, beim im April 2011 zu Wasser gelassenen Folgeprojekt des Salz-Prahms durch erwachsene Arbeitslose (vgl. POMP 2010, 1; LZ 2011). Nach Fertigstellung gingen die Schiffe in das Eigentum des Salzmuseums über (vgl. POMP 2015).

c) Pflasterung und Wetterfahnen

Bei der Pflasterung der Westlichen Altstadt wirkte der *ALA* ebenfalls mit (vgl. BURGDORFF 2000, 32–33). In den 1980er Jahren wurde die dort ver-

---

56   In Zeiten der Hanse dienten Ewer und Prahme dem Transport des Lüneburger Salzes nach Lübeck, wobei die Ewer auf der Ilmenau und Elbe nach Lauenburg und die flacheren Prahme auf dem Stecknitzkanal nach Lübeck genutzt wurden (vgl. ALA 2013c).

wirkliche Straßengestaltung in guter Zusammenarbeit zwischen der Stadt und dem *ALA* erarbeitet (vgl. BURGDORFF 2000, 32).

Zudem gingen die inzwischen auf vielen Lüneburger Häusern befindlichen Wetterfahnen auf eine Anregung des *ALA* zurück (vgl. SELLEN 2013c, 182–183). Sie wurden mit „entsprechenden versierten Handwerker[n] und Kunsthandwerker[n]" für mehrere Häuser in Lüneburg entwickelt (vgl. POMP 2006, 43–45).

7.2.5 Einflussnahme durch finanzielle Unterstützung von Projekten

In seinen Anfangszeiten reichten die finanziellen Mittel des *ALA* noch nicht aus, um Projekte zu unterstützen (vgl. POMP 2015). Erst mit der Alten Handwerkerstraße und dem Christmarkt bei St. Michaelis gingen hohen Einnahmen einher, die die finanzielle Unterstützung zahlreicher Projekte ermöglichten (vgl. POMP 2015). Diese Bezuschussung macht heute einen wesentlichen Teil der Einflussnahme des *ALA* aus. Dies ist auch der Tatsache geschuldet, dass die Stadt Lüneburg ihre Finanzmittel für die Stadtbildpflege inzwischen abgeschafft hat und Restaurierungen heute nur noch durch die Landesdenkmalpflege bezuschusst oder finanziert werden (vgl. POMP 2011, 2). Zudem haben sich mit der Zeit die Schwerpunkte von der inzwischen fast vollständig restaurierten Westlichen Altstadt auf den Rest der Lüneburger Altstadt verschoben, in der sich bei zahlreichen Projekten die Unterstützungsmöglichkeiten auf die Bereitstellung von finanziellen Mitteln beschränkt. Die über die Jahrzehnte getätigten Aufwendungen des *ALA* liegen inzwischen bei insgesamt fast einer Dreiviertelmillion Euro (vgl. SELLEN 2013a, 201), die vor allem in die Restaurierung von Gebäuden flossen. Daneben sind der Hansehafen mit dem Alten Kran sowie kleinere Maßnahmen in Form von Straßenlaternen und Pflasterungen nennenswert.

a) Hansehafen mit Altem Kran

Ein besonders wichtiges Projekt des *ALA* war die Restaurierung des Alten Krans, der 1797 nach mittelalterlichem Vorbild wiedererrichtet worden war (vgl. ALA 2012b, 48–49). Er war in einem so schlechten Zustand, dass „er bei einem heftigen Sturm hätte kippen können, der Schwellenbereich war

Abb. 16: Stintmarkt mit Altem Kran und Schiffsnachbauten
Quelle: Foto von Jürgen Lemke vom 10.08.2016

in weiten Bereichen verfault" (POMP 2003, 3). Da der Stadtrat keine Maßnahmen ergriff, um das zu den Wahrzeichen der Stadt zählende Objekt zu retten (vgl. POMP 1999, 2), begann der *ALA* 1997 mit dessen Restaurierung (vgl. ALA 2013c). 2003 waren die umfangreichen Maßnahmen abgeschlossen (vgl. POMP 2003, 3) und die Standsicherheit und die Funktionsfähigkeit wiederhergestellt (vgl. ALA 2013c). Der Großteil der dabei angefallenen Kosten wurde vom *ALA* übernommen (vgl. POMP 1999, 2). Auch finanzierte der *ALA* mit 20.000 Euro die Ausbaggerung des Hafens mit, damit die bereits erwähnten Schiffsnachbauten den Hafen erreichen und darin manövrieren konnten (vgl. POMP 2013a, 2). Insgesamt hat der *ALA* damit rund 133.000 Euro für den Hafen ausgegeben (vgl. POMP 2013a, 2).[57]

---

57   Der *ALA* ist aber interessanterweise mit keinem Wort in der Informationsbroschüre zum Sanierungsgebiet des Lüneburger Wasserviertels erwähnt (vgl. HANSESTADT LÜNEBURG 2013).

b) Straßenlaternen und Pflasterungen

Ein weiteres großes Projekt des *ALA* war die Erneuerung der Straßenlaternen. Seit den 1980er Jahren (vgl. SCHÜLER 1985, 9–10) bestückte und finanzierte der Verein die Straßen der Altstadt über mehrere Jahre hinweg mit handgefertigten, von Pomp nach altem Vorbild entworfenen Laternen (vgl. POMP 1998a, 2). Beginnend mit der Westlichen Altstadt wurden sie später auch Am Sande und weiteren wichtigen Straßen der Stadt aufgestellt (vgl. POMP 2001a, 204). 2013 waren bereits 70 dieser Straßenlaternen im Altstadtgebiet installiert (vgl. ALA 2013c). Auch ein Mosaik-Pflaster südlich des Rathauses wurde durch Neuverlegung für 10.800 Euro vom *ALA* wiederhergestellt (vgl. BURGDORFF 2003, 21).

7.2.6 Kartographische Darstellung der Einflussnahme auf praktischer Ebene

Die folgenden Karten (Abb. 17-21) zeigen einerseits die unter Denkmalschutz stehenden Objekte und Bereiche, andererseits die vom *ALA* finanzierten oder durch *ALA*-Mitglieder restaurierten Gebäude (orange Punkte), die vom *ALA* bezuschussten Restaurierungsmaßnahmen (grüne Punkte) sowie durch den *ALA* verhinderte Abrisse (rote Punkte). Sie basieren auf einer anhand der Literatur erstellten Tabelle (siehe Anhang).

7.3 Einflussnahme auf politischer Ebene

7.3.1 Einflussnahme durch Öffentlichkeitsarbeit

Durch die Öffentlichkeitsarbeit des *ALA* wurden und werden die Lüneburger Politiker und Verantwortungsträger unter Beobachtung gestellt und deren Entscheidungen und Handlungen an die Bevölkerung weitergegeben. Vieles, was sonst nur im Verborgenen stattgefunden hätte, wurde so transparent gemacht. Es erscheint mehr als wahrscheinlich, dass Politiker dies bei Entscheidungen bezüglich Stadtbild- und Denkmalpflegemaßnahmen im Hinterkopf hatten und haben[58], allerdings ist es kaum möglich, diesen Einfluss nachzuweisen, geschweige denn zu messen.

---

58   In der Vergangenheit gab es nach den Protesten des *ALA* aber wohl auch offensichtliche Richtungswechsel von Politikern (vgl. ALA 1979, 15).

Abb. 17: Altstadt Lüneburg, Einflüsse des ALA
Quelle: Eigene Darstellung in Anlehnung an BÖKER 2010, 113

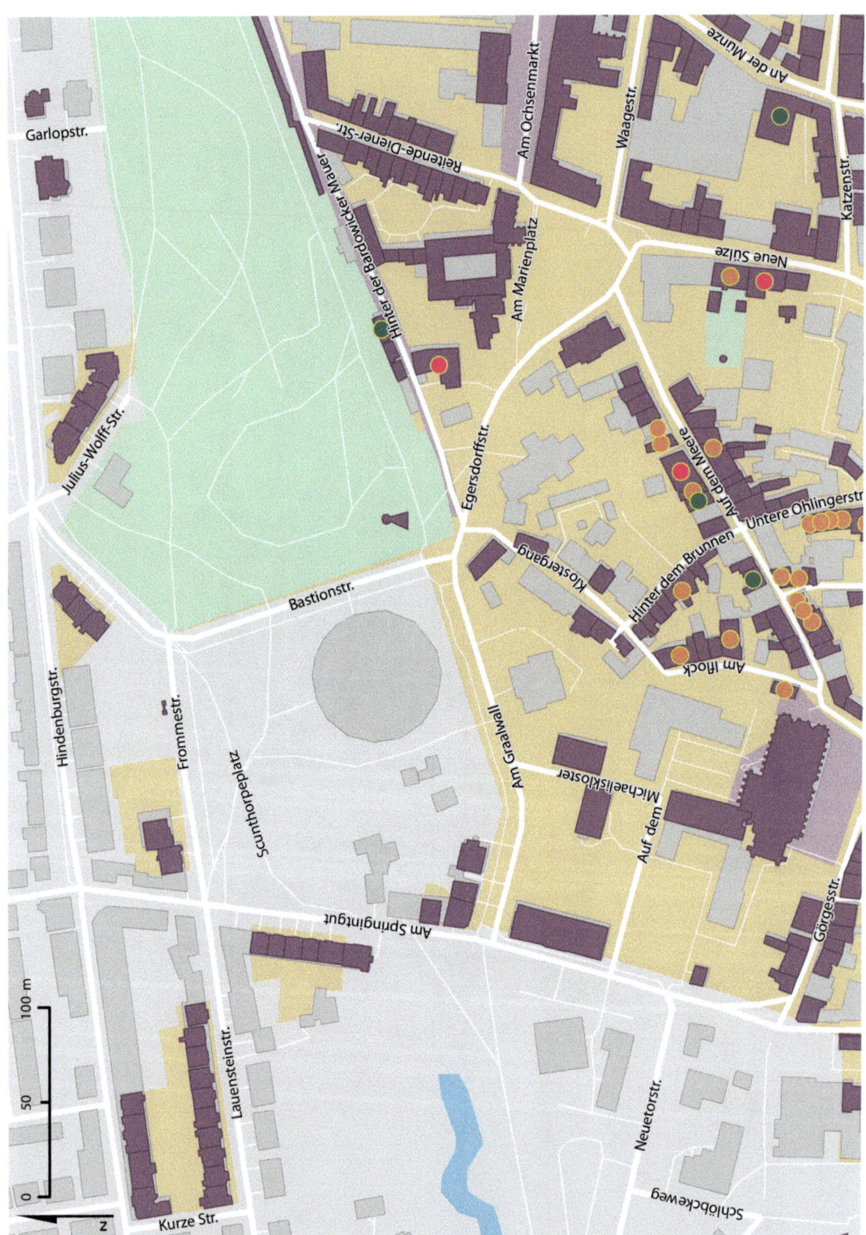

Abb. 18: Altstadt Lüneburg, Einflüsse des ALA, nordwestlicher Bereich
Quelle: Eigene Darstellung in Anlehnung an BÖKER 2010, 113

Abb. 19: Altstadt Lüneburg, Einflüsse des ALA, südwestlicher Bereich
Quelle: Eigene Darstellung in Anlehnung an BÖKER *2010, 113*

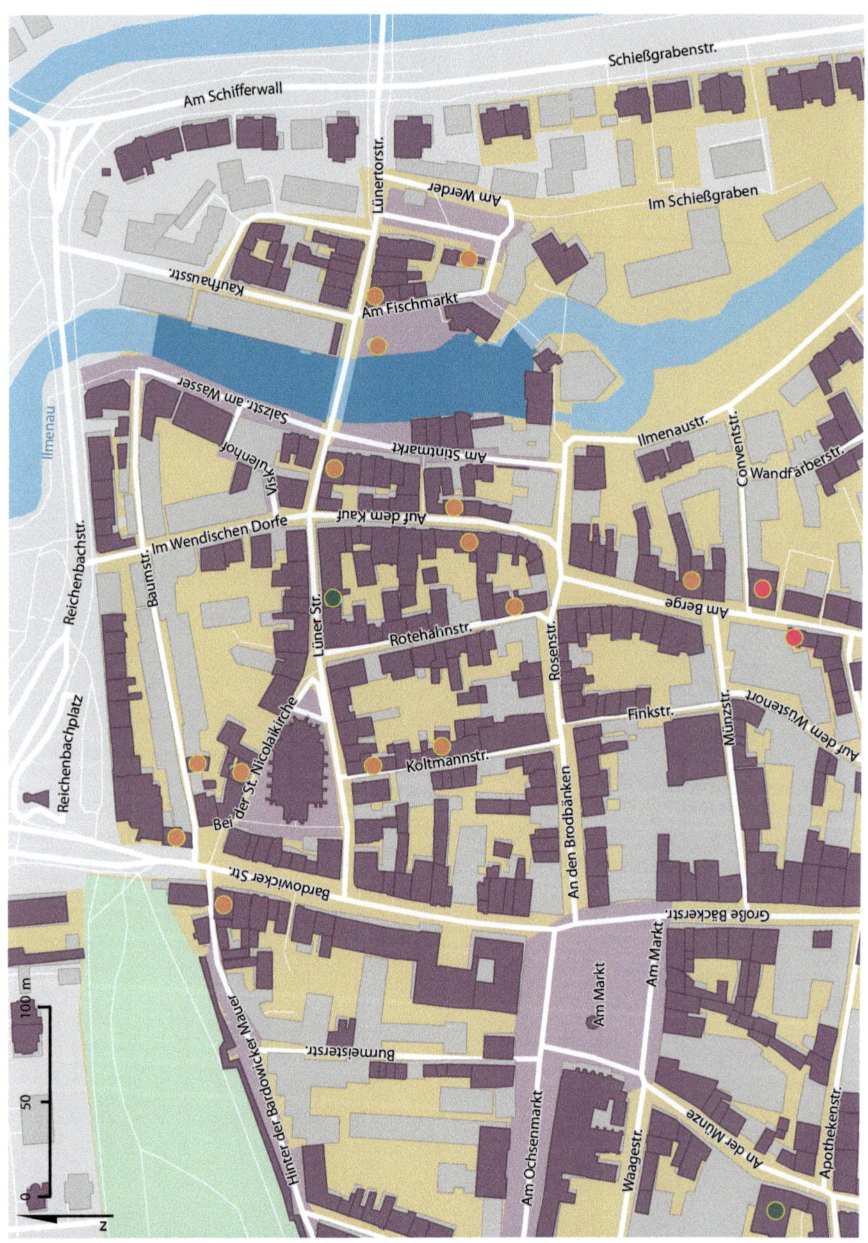

Abb. 20: Altstadt Lüneburg, Einflüsse des ALA, nordöstlicher Bereich
Quelle: Eigene Darstellung in Anlehnung an BÖKER *2010, 113*

Abb. 21: Altstadt Lüneburg, Einflüsse des ALA, südöstlicher Bereich
Quelle: Eigene Darstellung in Anlehnung an BÖKER 2010, 113

Konkrete Erfolge konnte der *ALA* durch seinen bereits erwähnten Diskussionsbeitrag ‚Erhaltung und Regenerierung der historischen Stadtstruktur. Führung des mittleren Ringes West' aus dem Jahr 1977 (vgl. KREMEIKE 1977) verbuchen. Mit detaillierten Erklärungen und realistischen Alternativvorschlägen konnte erreicht werden, dass die Trassenführung zwischen Kalkberg und Altstadt letztlich nicht verwirklicht wurde (vgl. KREMEIKE 2006, 19; SELLEN 2012, 68).

Hinzu kommt, dass der *ALA* die Bevölkerung durch seine Informationen zum Denkmalschutz und zur Stadtbildpflege sensibilisiert und „das Verständnis für die Bewahrung von Stadtbild und Baudenkmälern in der Einwohnerschaft eine zunehmend breitere Basis gewinnt" (RÜMELIN 2009, 29–30).

7.3.2 Einflussnahme durch Zusammenarbeit mit städtischen Vertretern

In seiner Anfangszeit war der *ALA* bei „vielen Mitgliedern von Rat und Verwaltung mehr als unbeliebt" (POMP 2001a, 202). Gleichzeitig gab es aber auch Ratsmitglieder, die den Tätigkeiten des *ALA* wohlwollend gegenüberstanden und dem Verein berichteten, welche Häuser abrissgefährdet waren (vgl. POMP 2001a, 202). Dadurch konnte dieser schon früh intervenieren und die Abrisse einiger Gebäude verhindern (vgl. POMP 2001a, 202).

Auch zeigte sich die Stadtverwaltung Ende 1976 durch eine Sondergenehmigung für *ALA*-Mitglieder entgegenkommend (vgl. STADT LÜNEBURG 1976d), auf Basis derer bei Renovierungen keine Gebühren mehr für Absperrungen, das Aufstellen von Gerüsten oder Leitern oder für die Lagerung benötigter Baumaterialien auf öffentlichen Straßen anfielen (vgl. POMP 1977, 2).

Durch die Vertretung von Vereinsmitgliedern im Stadtbildpflegeausschuss bekam der *ALA* „ein Forum und konnte seine Forderungen und Argumente vorbringen, oft auch viele Dinge im Voraus positiv beeinflussen" (POMP 1996, 2). Die Rettung abrissgefährdeter Gebäude erreichte Pomp auch dadurch, dass er Mitglieder des Stadtbildpflegeausschusses anrief und sie über die Bedeutung der entsprechenden Bauwerke informierte (vgl. POMP 2015). Vor allem in der Anfangszeit hatte der Ausschuss einen großen

Einfluss und konnte zum Schutz und zur Erhaltung vieler Baudenkmäler beitragen (vgl. POMP 1996, 2–3).

7.3.3 Einflussnahme durch Forderungen

a) Erfolgreiche Forderung einer Gestaltungssatzung 1978

Als der *ALA* gegründet wurde, gab es weder ein Denkmalschutzgesetz (siehe Kap. 2.1.2) noch eine Ortssatzung (vgl. POMP 2011, 4). Aus diesem Grund setzte sich der Verein mithilfe einer Unterschriftensammlung dafür ein, eine solche Satzung einzuführen (vgl. SELLEN 2013a, 200). Der Entwurf wurde im Stadtbildpflegeausschuss besprochen, die angehängte Denkmalliste wurde von Pomp erstellt (vgl. POMP 2015). Dessen Bemühungen ist es auch zu verdanken, dass die Hafenbastion in das Schutzgebiet der Satzung aufgenommen wurde (vgl. POMP 2010, 1). Am 18. Juli 1978 wurde die ‚Örtliche Bauvorschrift der Stadt Lüneburg über die Gestaltung der Altstadt Lüneburg' schließlich vom gesamten Rat der Stadt genehmigt (vgl. FERGER-GERLACH 1981, 308). Der Geltungsbereich erstreckt sich nicht nur über die Altstadt, sondern auch den Kalkberg, den Stadtgraben und die Wallanlagen (vgl. FERGER-GERLACH 1981, 308). In diesen Gebieten

> *„soll gewährleistet werden, dass [...] das gewachsene Stadtbild sowie der Stadtgrundriss und die Stadtsilhouette als baugeschichtliches Dokument als Ganzes erhalten bleibt und bei bereits eingetretener Störung wiederhergestellt wird"* (SELLEN 2013a, 202).

Die Satzung macht unter anderem Vorschriften zur Fassaden- und Dächergestaltung (vgl. SELLEN 2013a, 202), was beispielsweise auch solche zu Dachneigungen, -ziegeln und -fenstern sowie zu Fenstergrößen und -unterteilungen beinhaltet (vgl. FERGER-GERLACH 1981, 308).

Parallel zur Verabschiedung dieser Satzung wurde die ‚Örtliche Bauvorschrift über Außenwerbung in der Altstadt' verabschiedet (vgl. FERGER-GERLACH 1981, 308), deren Geltungsbereich zusätzlich zur Altstadt auch das Kloster Lüne abdeckt (vgl. SELLEN 2013a, 202). Sie macht Vorgaben zu Werbeanlagen in Bezug auf Höhen, Breiten, Flächen, Farben etc. (vgl. FERGER-GERLACH 1981, 308) und sollte verhindern, „dass das historisch gewachsene Stadtbild der Altstadt und des Klosters Lüne durch Werbeanlagen beeinträchtigt wird" (SELLEN 2013a, 202).

Seit dem 2. Januar 2014 gilt die ‚Örtliche Bauvorschrift der Hansestadt Lüneburg über die Gestaltung von baulichen und technischen Anlagen sowie Werbeanlagen zum Schutz der Altstadt Lüneburgs', in welcher die beiden Satzungen zusammengefasst und aktualisiert wurden (vgl. GUNDERMANN 2015, 3).

b) Erfolgreiche Forderungen zur Besetzung städtischer Stellen
Auch die Besetzungen der Stellen eines Stadtbildpflegers und eines Stadtarchäologen gehen auf die Initiative des *ALA* zurück (vgl. POMP 1995, 3). Nachdem der Verein viele Jahre lang dafür plädiert hatte (vgl. POMP 1995, 3), „die Denkmalpflege in Lüneburg mit zusätzlicher Fachkompetenz für Hausforschung und Archäologie" (KREMEIKE 2002, 8) auszustatten, wurde dieser Forderung Anfang der 1990er Jahre schließlich entsprochen und Ende 1990 die Stelle des Stadtarchäologen ausgeschrieben (vgl. RING 1999b, 10). Sie wurde auf Empfehlung Pomps durch den Archäologen Dr. Edgar Ring besetzt (vgl. POMP 2015).

7.3.4 Finanzielle Einflussnahme auf politischer Ebene

Die Stadtarchäologie wurde durch den *ALA* auch finanziell unterstützt (vgl. RING 1999b, 9). So trug er beispielsweise die Kosten eines für die stadtarchäologischen Tätigkeiten in Lüneburg dringend benötigten Dendrobohrers zur Bestimmung des Alters historischer Gebäude (vgl. RING 1994, 33–38). Diese Spezialanfertigung kostete rund 1.000 DM, hinzu kamen weitere 1.000 DM zur Ermöglichung schnellerer Untersuchungen vor Ort (vgl. RING 1994, 37–38).

7.4 Einflussnahme auf populärwissenschaftlicher und wissenschaftlicher Ebene

7.4.1 Publikationen

Publikationen werden vom *ALA* auf mehreren Ebenen unterstützt. Er bezuschusst Bücher, die thematisch passen und einen Bezug zur Stadt Lüneburg aufweisen[59], und stellt Interessierten oder solchen, die etwas über Lüneburg veröffentlichen, Informationen oder Bilder zur Verfügung.[60] In letzter Zeit werden zudem vermehrt Bücher von *ALA*-Mitgliedern selbst verfasst und veröffentlicht (vgl. ALA 2015f). Auf allen genannten Ebenen trägt der *ALA* entscheidend dazu bei, dass Wissen über die Stadt Lüneburg gesammelt, verwertet und richtig gedeutet wird.

7.4.2 Finanzierung von Ausstellungen

Neben Publikationen fördert der *ALA* auch Ausstellungen, die einen thematischen Bezug zum Verein aufweisen, finanziell (vgl. POMP 1998a, 2). Beispielhaft hierfür können neben zahlreichen weiteren Ausstellungen die Stadtrechtsausstellung oder die Revolutionsausstellung im Wandrahmmuseum (vgl. POMP 1998a, 2), aber auch die Ausstellung ‚Stadtentwicklung und Architektur – Lüneburg im 20. Jahrhundert' genannt werden (vgl. PREUSS 2001a, 4).

7.4.3 Häuserforschung

Da es bei der Stadt zunächst weder eine Denkmalpflege noch eine Stadtarchäologie gab und auch die Fachliteratur äußerst spärlich ausfiel[61] (vgl. POMP 2015; POMP 2001a, 200; RING 2010, 13), konnte man nur durch eigene Erforschung der Bau- und Hausgeschichte der Objekte Erkenntnisse erlangen, die für die Beratung bei der Restaurierung und Rekonstruktion der alten Gebäude notwendig waren (vgl. FERGER-GERLACH 1981, 310). Der *ALA* konnte durch die zunächst auf Eigeninitiative durchgeführten Restaurierungen umfangreiches Wissen in diesem Bereich sammeln und so wichtige Erkenntnisse im Bereich der Hausforschung liefern (vgl. POMP 2015).

---

59   So zum Beispiel bei RÜMELIN, Hansjörg (2009): St. Nicolai in Lüneburg. Bauen in einer norddeutschen Hansestadt 1405-1840 oder TERLAU-FRIEMANN, Karoline (1994): Lüneburger Patrizierarchitektur des 14. bis 16. Jahrhunderts (vgl. ALA 2015e).

60   So zum Beispiel bei BÖKER, Doris (2010): Baudenkmale in Niedersachsen – Hansestadt Lüneburg (vgl. BÖKER 1998, 24).

61   Vor dem Hintergrund des ‚Dritten Reiches' „war das Fach ‚Volkskunde' in Verruf geraten, und erst Jahrzehnte später erschienen die ersten aktuellen Forschungsberichte" (POMP 2001a, 200).

In den 1990er Jahren wurde außerdem eine Hausforschungsgruppe ins Leben gerufen, die zur Erforschung der Lüneburger Patrizier- und Bürgerhäuser beitragen sollte (vgl. PESSENLEHNER 1999, 41). Diese Gruppe bestand neben *ALA*-Mitgliedern auch

„aus Vertretern der Stadt, der Stadtarchäologie, dem Museum, dem Staatshochbauamt, [...] dem zuständigen Bezirkskonservator sowie der Bauforschung des Niedersächsischen Landesamtes für Denkmalpflege" (PESSENLEHNER 1999, 41).

7.5 Einflussnahme auf handwerklicher Ebene

„Die Qualität des baugeschichtlichen Gesamtkunstwerkes Lüneburg zu bewahren, erfordert ein Niveau, das nur erreicht werden kann, wenn die Maßstäbe bereits bei den kleinen Dingen hoch angesetzt werden, z. B. bei der Fensterkonstruktion, der Verwendung des richtigen Mörtels, der sachgemäßen Restaurierung alter Türen, der Beschläge, der Wahl der baustilistisch richtigen Farben" (SCHÜLER 2013, 25).

Nach diesem Grundsatz zu arbeiten, bedeutete vor allem in der Anfangszeit des Vereins viel Arbeit und Geduld, da es im Gegensatz zu heute nur selten Vorlagen oder Anleitungen zur Erstellung solcher Gebäudeelemente gab und diese in mühsamer Arbeit selbst erstellt werden mussten (vgl. POMP 2001b, 2).

Auch die Handwerker kannten sich in denkmalpflegerischen Tätigkeiten zunächst nur schlecht aus (vgl. POMP 2015). Erst mit der Zeit erlernten sie mithilfe des *ALA* und Pomps die richtige Vorgehensweise bei Gebäuden diesen Alters und vermieden Fehler wie bspw. das Kombinieren von Gips und Zement (vgl. POMP 2015). Dadurch konnte erreicht werden, dass die Handwerker in Lüneburg tiefere Kenntnisse zur Restaurierung von historischen Gebäuden erlangten (vgl. POMP 2015).

Durch die zunächst jährlich stattfindende Alte Handwerkerstraße wurde zudem eine Vernetzung unter den Handwerkern sowie zwischen diesen und Hauseigentümern hergestellt (vgl. POMP 2015). Dabei konnten sogar

Handwerker aus anderen Teilen Europas[62] angelockt werden und in diesem Bereich Fähigkeiten und Kenntnisse sammeln (vgl. POMP 2015).

---

62 So zum Beispiel aus Estland, Lettland, Polen oder Russland (vgl. POMP 2015).

8 Fazit

Stadtentwicklung und Denkmalpflege haben seit den unmittelbaren Nachkriegsjahren einen großen Wandel erfahren. Nach dem Zweiten Weltkrieg standen viele westdeutsche Städte vor der Herausforderung, Lösungen für den Wohnraummangel und den zunehmenden Verkehr zu finden. Häufig waren die dazu gewählten Maßnahmen mit großflächenhaften Abrissen ganzer Wohnblöcke und -gebiete verbunden. Auf alte und historisch wertvolle Gebäude wurde nur selten Rücksicht genommen. Erst mit der Zeit entstand – unter anderem durch den Druck aus der Bevölkerung, die begonnen hatte, sich in unterschiedlichen Bürgerinitiativen zu organisieren – ein Umdenken. Ab den 1970er Jahren wandte man sich in der Bundesrepublik zunehmend der bestandserhaltenden Erneuerung zu, was sich auch im StBauFG und insbesondere in dessen Novellierung widerspiegelte.

Lüneburgs Stadtentwicklung zeigt deutliche Parallelen zu den in der gesamten Bundesrepublik stattfindenden Entwicklungen. Auch hier hatte man mit Wohnraumnot und steigendem Verkehr zu kämpfen. Hinzu kamen durch die Salzproduktion der Saline verursachte Senkungserscheinungen, die viele Gebäude stark beschädigten. So waren auch die Stadtentwicklungskonzepte Lüneburgs nach dem Zweiten Weltkrieg von zahlreichen Abrissen und Straßenerweiterungsplänen geprägt.

Aufgrund des reichen bauhistorischen Erbes der Stadt war dieses Vorgehen in Lüneburg besonders gravierend. So regte sich auch hier Unmut in der Bevölkerung, was sich insbesondere in der Gründung des *ALA* widerspiegelte. Dieser Verein ist im Kontext allgemeiner Stadtentwicklungen der damaligen Zeit zu sehen und eine von vielen Bürgerinitiativen dieser Zeit, die letztlich ein Umdenken auf Bundesebene bewirkten. Mit seinen überaus umfangreichen Aktivitäten und seinem großen gesellschaftspolitischen Engagement hatte der *ALA* schließlich einen großen Anteil daran, dass die Stadt die geplanten Abrisse in der Westlichen Altstadt in Frage stellte und das Stadtviertel erneut begutachten ließ.

Es ist schwer nachweisbar, zu welchem Anteil die Erhaltung und Entwicklung der historischen Altstadt Lüneburgs auf den *ALA* zurückzuführen sind und inwieweit allgemeine städtebauliche Tendenzen in der Bundesrepublik hin zu bestandserhaltenden Konzepten eine Rolle spielten. Es dürften allerdings kaum Zweifel daran bestehen, dass ein Großteil der historischen Bausubstanz Lüneburgs ohne den Verein dem Verfall und Abriss überlassen worden wäre.

Vergleichsweise problemlos nachweisbar ist die Einflussnahme des *ALA* auf praktischer Ebene. Die in dieser Arbeit gezeigte Karte (siehe Abb. 17) macht deutlich, an wie vielen Gebäuden, die heute zu einem überwiegenden Teil unter Denkmalschutz stehen, der Verein mitgewirkt hat. Die Einflussnahme auf politischer Ebene ist ebenfalls zweifelsfrei vorhanden, wenn auch deutlich schwieriger messbar. Letztlich sind auch die Einflüsse auf (populär-)wissenschaftlicher sowie auf handwerklicher Ebene sehr bedeutend – nicht nur für Lüneburg, sondern auch den Denkmalschutz im Allgemeinen.

Die Einflüsse des *ALA* beziehen sich nicht nur auf in der Vergangenheit liegende Zeiten. Auch heute agiert der Verein auf allen in der Arbeit aufgezeigten Ebenen der Einflussnahme, wenngleich sich die Schwerpunkte sowohl räumlich als auch in Bezug auf die Art der Einflussnahme verändert haben.

Der *ALA* hat für die Stadt Großes geleistet und tut das bis heute. Auch wenn diese Tatsache von den Vertretern der Stadt und dem städtischen Marketing häufig verkannt wird – Lüneburg wäre heute nicht das, was es ist, wenn es diesen Verein nicht geben würde.

Abbildungsverzeichnis

Abkürzungsverzeichnis

ALA	Arbeitskreis Lüneburger Altstadt e. V.
ARB	Atelier für Restaurierung und Bauplanung GmbH
BBR	Bundesamt für Bauwesen und Raumordnung
BMVBS	Bundesministerium für Verkehr, Bau und Stadtentwicklung
BR	Bayerischer Rundfunk
GEWOS	Gesellschaft für Wohnungs- und Siedlungswesen mbH Hamburg
IHK	Industrie- und Handelskammer
LZ	Landeszeitung für die Lüneburger Heide GmbH
NDR	Norddeutscher Rundfunk
NDSchG	Niedersächsisches Denkmalschutzgesetz
NILEG	Niedersächsische Landesentwicklungsgesellschaft
NLD	Niedersächsisches Landesamt für Denkmalpflege
StadtALg	Stadtarchiv Lüneburg
StBauFG	Städtebauförderungsgesetz
VHS	Volkshochschule Lüneburg

Quellenverzeichnis

Literatur

ALA (Arbeitskreis Lüneburger Altstadt e. V.) (Hg.) (1976): Aufrisse. Nr. 1/1976. Lüneburg: Arbeitskreis Lüneburger Altstadt e. V.

ALA (Arbeitskreis Lüneburger Altstadt e. V.) (Hg.) (1977): Aufrisse. Nr. 2/1977. Lüneburg: Arbeitskreis Lüneburger Altstadt e. V.

ALA (Arbeitskreis Lüneburger Altstadt e. V.) (Hg.) (1978): Aufrisse. Nr. 3/1978. Lüneburg: Arbeitskreis Lüneburger Altstadt e. V.

ALA (Arbeitskreis Lüneburger Altstadt e. V.) (Hg.) (1979): Aufrisse. Nr. 4/1979. Lüneburg: Arbeitskreis Lüneburger Altstadt e. V.

ALA (Arbeitskreis Lüneburger Altstadt e. V.) (Hg.) (1982): Aufrisse. Nr. 5/1982. Lüneburg: Arbeitskreis Lüneburger Altstadt e. V.

ALA (Arbeitskreis Lüneburger Altstadt e. V.) (Hg.) (1985): Aufrisse. Nr. 6/1985. Lüneburg: Arbeitskreis Lüneburger Altstadt e. V.

ALA (Arbeitskreis Lüneburger Altstadt e. V.) (Hg.) (1990): Aufrisse. Nr. 7/1990. Lüneburg: Arbeitskreis Lüneburger Altstadt e. V.

ALA (Arbeitskreis Lüneburger Altstadt e. V.) (Hg.) (1994): Aufrisse. Nr. 10/1994. Lüneburg: Arbeitskreis Lüneburger Altstadt e. V.

ALA (Arbeitskreis Lüneburger Altstadt e. V.) (Hg.) (1995): Aufrisse. Nr. 11/1995. Lüneburg: Arbeitskreis Lüneburger Altstadt e. V.

ALA (Arbeitskreis Lüneburger Altstadt e. V.) (Hg.) (1996): Aufrisse. Nr. 12/1996. Lüneburg: Arbeitskreis Lüneburger Altstadt e. V.

ALA (Arbeitskreis Lüneburger Altstadt e. V.) (Hg.) (1998): Aufrisse. Nr. 14/1998. Lüneburg: Arbeitskreis Lüneburger Altstadt e. V.

ALA (Arbeitskreis Lüneburger Altstadt e. V.) (Hg.) (1999): Aufrisse. Nr. 15/1999. Lüneburg: Arbeitskreis Lüneburger Altstadt e. V.

ALA (Arbeitskreis Lüneburger Altstadt e. V.) (Hg.) (2001): Aufrisse. Nr. 17/2001. Lüneburg: Arbeitskreis Lüneburger Altstadt e. V.

ALA (Arbeitskreis Lüneburger Altstadt e. V.) (Hg.) (2003): Aufrisse. Nr. 20/2003. Lüneburg: Arbeitskreis Lüneburger Altstadt e. V.

ALA (Arbeitskreis Lüneburger Altstadt e. V.) (Hg.) (2006): Aufrisse. Nr. 22/2006. Lüneburg: Arbeitskreis Lüneburger Altstadt e. V.

ALA (Arbeitskreis Lüneburger Altstadt e. V.) (Hg.) (2012a): Aufrisse. Nr. 27/2012. Lüneburg: Arbeitskreis Lüneburger Altstadt e. V.

ALA (Arbeitskreis Lüneburger Altstadt e. V.) (Hg.) (2012b): Aufrisse. Sonderheft 2012. Lüneburg: Arbeitskreis Lüneburger Altstadt e. V.

ALA (Arbeitskreis Lüneburger Altstadt e. V.) (Hg.) (2013a): Aufrisse. Nr. 28/2013. Lüneburg: Arbeitskreis Lüneburger Altstadt e. V.

ALA (Arbeitskreis Lüneburger Altstadt e. V.) (Hg.) (2013b): Lüneburg. Die historische Altstadt. Husum: Husum Druck- und Verlagsgesellschaft

ALA (Arbeitskreis Lüneburger Altstadt e. V.) (Hg.) (2013c): Schönheit kommt von innen – Für ein ganzheitliches Erhalten historischer Bauten in Lüneburg. Lüneburg: Arbeitskreis Lüneburger Altstadt e. V. Verfügbar unter http://www.alaev-lueneburg.de/download/ala_faltblatt.pdf [Stand: 13.08.2015].

ALA (Arbeitskreis Lüneburger Altstadt e. V.) (Hg.) (2014): Lüneburger Abriss-Kalender. Verfügbar unter http://www.alaev-lueneburg.de/download/abriss_kalender.pdf [Stand: 09.08.2015].

ALA (Arbeitskreis Lüneburger Altstadt e. V.) (2015a): Aktuelles/Veranstaltungen – Alte Handwerkerstraße. Verfügbar unter http://www.alaev-lueneburg.de/aktuelles/handwerkerstrasse.html [Stand: 12.08.2015].

ALA (Arbeitskreis Lüneburger Altstadt e. V.) (2015b): Aktuelles/Veranstaltungen – Christmarkt. Verfügbar unter http://www.alaev-lueneburg.de/aktuelles/christmarkt.html [Stand: 12.08.2015].

ALA (Arbeitskreis Lüneburger Altstadt e. V.) (2015c): Denkmalschutz aus Sicht des ALA. Verfügbar unter http://www.alaev-lueneburg.de/denkmalschutz/ala.html [Stand: 12.08.2015].

ALA (Arbeitskreis Lüneburger Altstadt e. V.) (2015d): Projekte – Finanzierung. Verfügbar unter http://www.alaev-lueneburg.de/projekte/finanzierung.html [Stand: 12.08.2015].

ALA (Arbeitskreis Lüneburger Altstadt e. V.) (2015e): Projekte – Weitere Projekte. Verfügbar unter http://www.alaev-lueneburg.de/projekte/projekte.html [Stand: 12.08.2015].

ALA (Arbeitskreis Lüneburger Altstadt e. V.) (2015f): Publikationen – Buchherausgabe. Verfügbar unter http://www.alaev-lueneburg.de/publikationen/buecher.html [Stand: 12.08.2015].

ALA (Arbeitskreis Lüneburger Altstadt e. V.) (2015g): Publikationen – Kalender. Verfügbar unter http://www.alaev-lueneburg.de/publikationen/kalender.html [Stand: 12.08.2015].

ALA (Arbeitskreis Lüneburger Altstadt e. V.) (2015h): Publikationen – Zeitschriften. Verfügbar unter http://www.alaev-lueneburg.de/publikationen/zeitschriften.html [Stand: 12.08.2015].

Andraschko, Frank; Lamschus, Christian; Lamschus, Hilke; Ring, Edgar (Hg.) (1996): Ton, Steine, Scherben. Ausgegraben und erforscht in der Lüneburger Altstadt. Lüneburg: Stadt Lüneburg.

Arbeitskreis für Hausforschung (Hg.) (2010): Rathäuser und andere kommunale Bauten. Jahrbuch für Hausforschung. Band 60. Marburg: Jonas Verlag.

Archäologische Kommission für Niedersachsen e. V.; Niedersächsisches Landesamt für Denkmalpflege (Hg.) (2005): Nachrichten aus Niedersachsens Urgeschichte (NNU). Band 74. Stuttgart: Konrad Theiss Verlag.

BBR (Bundesamt für Bauwesen und Raumordnung) (2000): Stadtentwicklung und Städtebau in Deutschland. Ein Überblick. Bonn: Selbstverlag des Bundesamtes für Bauwesen und Raumordnung. Verfügbar unter http://www.bbr.bund.de/BBSR/DE/Veroeffentlichungen/Abgeschlossen/Berichte/2000_2005/Downloads/Bd5Stadtentwicklung.pdf;jsessionid=3BD3FB04A1B2408F925BD68D83109168.live1042?__blob=publicationFile&v=3 [Stand: 13.08.2015].

Bieber, Horst (1973): Die fünf Plagen der Städte. Die Diagnose und Vorschläge zur Therapie. Zeitungsartikel in DIE ZEIT Nr. 19 vom 04.05.1973. Verfügbar unter http://pdfarchiv.zeit.de/1973/19/die-fuenf-plagen-der-staedte.pdf [Stand: 10.08.2015].

Bleeck, Hans (1985): Lüneburgs Salzhandel im Zeitalter des Merkantilismus (16. bis 18. Jahrhundert). Lüneburg: Bartels Druck.

BMVBS (Bundesministerium für Verkehr, Bau und Stadtentwicklung); BBR (Bundesamt für Bauwesen und Raumordnung) (Hg.) (2008): Gute Beispiele – Private Initiative im Städtebaulichen Denkmalschutz – Handlungsleitfaden. Erkner.

BMVBS (Bundesministerium für Verkehr, Bau und Stadtentwicklung) (2011): 40 Jahre Städtebauförderung. Berlin: druckpunkt GmbH. Verfügbar unter http://www.bbsr.bund.de/BBSR/DE/Veroeffentlichungen/BMVBS/Sonderveroeffentlichungen/2011/DL_40JStaedtebaufoerderung.pdf?__blob=publicationFile&v=2 [Stand: 08.08.2015].

Bockelmann, Werner (1946/2001): Lüneburg, die übervölkertste Stadt der Provinz. Nachdruck eines Zeitungsartikels vom 29.01.1946. In: Preuß, Werner H. (Hg.): Stadtentwicklung und Architektur – Lüneburg im 20. Jahrhundert. (Abdruck eines Zeitungsberichts von 1946.) Husum: Husum Druck- und Verlagsgesellschaft, S. 133–136.

Böker, Doris (1998): Information zum Projekt ‚Denkmaltopographie Stadt Lüneburg‘. In: Arbeitskreis Lüneburger Altstadt e. V. (Hg.): Aufrisse. Nr. 14/1998. Lüneburg: Arbeitskreis Lüneburger Altstadt e. V., S. 24–25.

Böker, Doris (2010): Hansestadt Lüneburg. Mit Kloster Lüne. Erschienen in der Schriftenreihe: Winghart, Stefan (Hg.): Denkmaltopographie Bundesrepublik Deutschland. Baudenkmale in Niedersachsen Band 22.1. Petersberg: Michael Imhof Verlag.

Burgdorff, Christian (2000): Anmerkungen zur Straßengestaltung in Lüneburg. In: Arbeitskreis Lüneburger Altstadt e. V. (Hg.): Aufrisse. Nr. 16/2000. Lüneburg: Arbeitskreis Lüneburger Altstadt e. V., S. 32–33.

Burgdorff, Christian (2003): Mosaikpflasterung in der Waagestraße. In: Arbeitskreis Lüneburger Altstadt e. V. (Hg.): Aufrisse. Nr. 20/2003. Lüneburg: Arbeitskreis Lüneburger Altstadt e. V., S. 21.

Burgdorff, Christian (2012): Ergänzung durch den 2. Vorsitzenden. In: Arbeitskreis Lüneburger Altstadt e. V.: Jahresbericht 2009. Lüneburg: Arbeitskreis Lüneburger Altstadt e. V., S. 4.

Deutsche Stiftung Denkmalschutz (2015a): Chronik der Deutschen Stiftung Denkmalschutz. Verfügbar unter http://www.denkmalschutz.de/nc/ueber-uns/chronik.html [Stand: 11.08.2015].

DEUTSCHE STIFTUNG DENKMALSCHUTZ (2015b): Tag des offenen Denkmals. Verfügbar unter http://www.denkmalschutz.de/aktionen/tag-des-offenen-denkmals.html [Stand: 11.08.2015].

DRÖGE, Miriam; FISCHER, Katrin; OFFENEY, Larissa (2001): Nachkriegsjahre in Lüneburg. In: Preuß, Werner H. (Hg.): Stadtentwicklung und Architektur – Lüneburg im 20. Jahrhundert. Husum: Husum Druck- und Verlagsgesellschaft, S. 121–132.

FERGER, Imme (1969): Lüneburg – Eine siedlungsgeographische Untersuchung. Bonn/Bad Godesberg: Bundesforschungsanstalt für Landeskunde und Raumordnung.

FERGER-GERLACH, Imme (1981): Altstadtsanierung in Lüneburg. In: Fick, Karl E. (Hg.): Geographische Querschnitte – Fachgeographische und fachdidaktische Exempla. Themen und Menschen um Wilhelm Brünger. Frankfurt/Main: Selbstverlag des Instituts für Didaktik der Geographie Johann Wolfgang Goethe-Universität Frankfurt am Main, S. 289–312.

FICK, Karl E. (Hg.) (1981): Geographische Querschnitte – Fachgeographische und fachdidaktische Exempla. Themen und Menschen um Wilhelm Brünger. Frankfurt/Main: Selbstverlag des Instituts für Didaktik der Geographie Johann Wolfgang Goethe-Universität Frankfurt am Main.

GEWOS (GESELLSCHAFT FÜR WOHNUNGS- UND SIEDLUNGSWESEN MBH) (1972): Gutachten zur Erneuerung der Innenstadt von Lüneburg. Dezember 1972. Hamburg: GEWOS GmbH Hamburg [Lüneburger Stadtarchiv Signatur: AD A VI 50b].

GUNDERMANN, Heike (2015): Vorwort. In: Hansestadt Lüneburg: Gestaltungssatzung der Hansestadt Lüneburg. Lüneburg. Verfügbar unter http://www.hansestadtlueneburg.de/Portaldata/43/Resources/dokumente/stadt_und_politik/pressemitteilungen/Broschuere_Gestaltungssatzung.pdf [Stand: 14.06.2016].

HANSESTADT LÜNEBURG (2012): VO/4474/12 – Finanzplanung des Museumsneubaus/-sanierung des Wandrahmmuseums (Anfrage der CDU-Fraktion vom 26.01.2012, eingegangen am 30.01.2012). Öffentliche/nichtöffentliche Sitzung des Rates der Hansestadt Lüneburg am 19.04.2012. Verfügbar unter http://www.stadt.lueneburg.de/bi/voo20.asp?VOLFDNR=4410 [Stand: 13.08.2015].

HANSESTADT LÜNEBURG (2013): Rückenwind fürs Wasserviertel – Städtebauförderung, Sanierung und Denkmalschutz in einem historischen Quartier Lüneburgs. Verfügbar unter http://www.lueneburg.de/it/Portaldata/1/Resources/stlg_dateien/stlg_dokumente/aktuelles/Broschuere_Wasserviertel.pdf [Stand: 13.08.2015].

HANSESTADT LÜNEBURG (2015a): Aufbauorganisation der Stadtverwaltung Lüneburg. Verfügbar unter http://www.hansestadtlueneburg.de/Portaldata/43/Resources/dokumente/stadt_und_politik/rathaus/organigramm.pdf [Stand: 04.08.2015].

HANSESTADT LÜNEBURG (2015b): Einwohnerentwicklung in der Hansestadt Lüneburg. Verfügbar unter http://www.hansestadtlueneburg.de/Portaldata/43/Resources/dokumente/stadt_und_politik/zahlen_daten_fakten/einwohnerentwicklung.pdf [Stand: 13.08.2015].

HENSCHKE, Heiner (1995): Salzbrückerstraße 1–4. Vom Verlust historischer Bausubstanz. In: Arbeitskreis Lüneburger Altstadt e. V. (Hg.): Aufrisse. Nr. 11/1995. Lüneburg: Arbeitskreis Lüneburger Altstadt e. V., S. 61–64.

HOFMANN, Werner-Axel (1999): Einige Bemerkungen zum Senkungsverlauf in der Westlichen Altstadt von Lüneburg seit der Salinenschließung im September 1980. In: Arbeitskreis Lüneburger Altstadt e. V. (Hg.): Aufrisse. Nr. 15/1999. Lüneburg: Arbeitskreis Lüneburger Altstadt e. V., S. 5–16.

HOFMANN, Werner-Axel (2001): Salzstock, Salzproduktion und Senkungen in Lüneburg. In: Preuß, Werner H. (Hg.): Stadtentwicklung und Architektur – Lüneburg im 20. Jahrhundert. Husum: Husum Druck- und Verlagsgesellschaft, S. 169–174.

INSTITUTE OF THE HISTORY OF LATVIA AT THE UNIVERSITY OF LATVIA; MUSEUM OF THE HISTORY OF RIGA AND NAVIGATION (Hg.) (2009): The Hansa Town Riga as Mediator between East and West. Riga: Institute of the History of Latvia Publishers.

KIRSCHBAUM, Thomas (2000): Lüneburg – Leben in einer spätmittelalterlichen Großstadt. Wernigerode: Schmidt-Buch-Verlag.

KLEEBERG, Otto (1949): Denkschrift über die Struktur- und Entwicklungsmöglichkeit der Stadt Lüneburg. Lüneburg: Der Rat der Stadt Lüneburg [Lüneburger Stadtarchiv Signatur: AD/A VI 2].

KLEEBERG, Otto (1952): Denkschrift über Notstand und Aufgaben der Stadt Lüneburg (Erläuterungsbericht zum Wirtschaftsplan). Lüneburg: Der Rat der Stadt Lüneburg.

KÖRNER, Gerhard; LUNTOWSKI, Gustav; MEYER, Gerhard (Hg.) (1965): Lüneburger Blätter. Heft 15/16. Lüneburg: Museumsverein für das Fürstentum Lüneburg.

KREMEIKE, Hartwig (1977): Erhaltung und Regenerierung der historischen Stadtstruktur – Führung des mittleren Ringes West. Lüneburg: Arbeitskreis Lüneburger Altstadt e. V. Verfügbar unter http://www.alaev-lueneburg.de/download/diskussionsbeitrag_1_1976.pdf [Stand: 11.08.2015].

KREMEIKE, Hartwig (2002): Denkmalpflege in Lüneburg erfordert höchste Kompetenz. In: Arbeitskreis Lüneburger Altstadt e. V. (Hg.): Aufrisse. Nr. 18/2002. Lüneburg: Arbeitskreis Lüneburger Altstadt e. V., S. 6–8.

KREMEIKE, Hartwig (2004): Wieder Schiffe und Boote in den alten Lüneburger Hansehafen. Lüneburg: Arbeitskreis Lüneburger Altstadt e. V. Verfügbar unter http://www.alaev-lueneburg.de/download/diskussionsbeitrag_2_2004.pdf [Stand: 29.01.2014].

KREMEIKE, Hartwig (2006): Lüneburg – WELTKULTURERBE (!?). In: Arbeitskreis Lüneburger Altstadt e. V. (Hg.): Aufrisse. Nr. 22/2006. Lüneburg: Arbeitskreis Lüneburger Altstadt e. V., S. 18–19.

KREMEIKE, Hartwig (2013): Ein entscheidender Erfolg für die westliche Altstadt. In: Preuß, Werner H. (Hg.): ‚… danke, ich muss noch arbeiten!‘ Curt Helm Pomp. Ein Leben für den Denkmalschutz. Husum: Husum Druck- und Verlagsgesellschaft, S. 25–26.

KRÜGER, Franz (1928): Lüneburg – aufgenommen von der staatlichen Bildstelle. Berlin: Deutscher Kunstverlag.

KÜHLBORN, Marc; RING, Edgar (1996): Seit wann, wie und warum? Aufgaben und Ziele der Stadtarchäologie in Lüneburg. In: Andraschko, Frank; Lamschus, Christian; Lamschus, Hilke; Ring, Edgar (Hg.): Ton, Steine, Scherben. Ausgegraben und erforscht in der Lüneburger Altstadt. Lüneburg: Stadt Lüneburg, S. 11–15.

LAMSCHUS, Christian (1989): Auf den Spuren des Salzes in Lüneburg. Ein salziger Stadtführer. 2. Aufl., Lüneburg: Lamschus.

LZ (Landeszeitung für die Lüneburger Heide) (1972): Jetzt gibt es schon acht Freunde unserer Altstadt. Zeitungsartikel vom 04.03.1972.

LZ (Landeszeitung für die Lüneburger Heide) (1973): Bundesweit ausgeschrieben: Ideenwettbewerb für Altstadtsanierung. Zeitungsartikel vom 28.09.1973.

LZ (Landeszeitung für die Lüneburger Heide) (2011): Applaus für den Ilmenau-Prahm. Zeitungsartikel vom 16./17.04.2011.

Lüneburg Marketing GmbH (2014): Mehr als 300.000 Übernachtungen in 2013 in Lüneburg trotz Elbehochwasser. Verfügbar unter http://www.lueneburg.info/de/pressemitteilung/mehr-als-300000-uebernach-tungen-in-2013-in-lueneburg-trotz-elbehochwasser-und-xaver/ [Stand: 13.08.2015].

Meyer, Gerhard (1965): Zur Siedlungsgeschichte von Lüneburg um 1200. In: Körner, Gerhard; Luntowski, Gustav; Meyer, Gerhard (Hg.): Lüneburger Blätter. Heft 15/16. Lüneburg: Museumsverein für das Fürstentum Lüneburg, S. 265–281.

Müller, Ulrich (Hg.) (2012): Neue Zeiten. Stand und Perspektiven der Neuzeitarchäologie in Norddeutschland. Bonn: Verlag Dr. Rudolf Habelt GmbH.

NLD (Niedersächsisches Landesamt für Denkmalpflege) (2015): Das Niedersächsische Landesamt für Denkmalpflege. Verfügbar unter http://www.denkmalpflege.niedersachsen.de/portal/live.php?navigation_id=12611&article_id=55646&_psmand=45 [Stand: 04.08.2015].

Pessenlehner, Michael (1999): Bauhistorische Untersuchungen in einem Lüneburger ,Danzhus'. In: Arbeitskreis Lüneburger Altstadt e. V. (Hg.): Aufrisse. Nr. 15/1999. Lüneburg: Arbeitskreis Lüneburger Altstadt e. V., S. 41–47.

Peter, Elmar (1999): Lüneburg – Geschichte einer 1000jährigen Stadt (956–1956). 2. Aufl., Lüneburg: Museumsverein für das Fürstentum Lüneburg.

Pez, Peter (2001): Lüneburg atmet auf – Stadtverkehr auf neuen Wegen. In: Preuß, Werner H. (Hg.): Stadtentwicklung und Architektur – Lüneburg im 20. Jahrhundert. Husum: Husum Druck- und Verlagsgesellschaft, S. 161–164.

PINNEKAMP, Erwin (2001): Der Generalbebauungsplan von 1947. In: Preuß, Werner H. (Hg.): Stadtentwicklung und Architektur – Lüneburg im 20. Jahrhundert. Husum: Husum Druck- und Verlagsgesellschaft, S. 107–120.

POMP, Curt H. (1977): Offensive Denkmalspflege. In: Arbeitskreis Lüneburger Altstadt e. V. (Hg.): Aufrisse. Nr. 2/1977. Lüneburg: Arbeitskreis Lüneburger Altstadt e. V., S. 1–2.

POMP, Curt H. (1985): Sanierung. In: Arbeitskreis Lüneburger Altstadt e. V. (Hg.): Aufrisse. Nr. 6/1985. Lüneburg: Arbeitskreis Lüneburger Altstadt e. V., S. 7–8.

POMP, Curt H. (1995): Vorwort. In: Arbeitskreis Lüneburger Altstadt e. V. (Hg.): Aufrisse. Nr. 11/1995. Lüneburg: Arbeitskreis Lüneburger Altstadt e. V., S. 2–3.

POMP, Curt H. (1996): Vorwort. In: Arbeitskreis Lüneburger Altstadt e. V. (Hg.): Aufrisse. Nr. 12/1996. Lüneburg: Arbeitskreis Lüneburger Altstadt e. V., S. 2–3.

POMP, Curt H. (1998a): Vorwort. In: Arbeitskreis Lüneburger Altstadt e. V. (Hg.): Aufrisse. Nr. 14/1998. Lüneburg: Arbeitskreis Lüneburger Altstadt e. V., S. 2–3.

POMP, Curt H. (1998b): Gedanken über eine vor Jahren zerstörte Lüneburger Preßstuckdecke. In: Arbeitskreis Lüneburger Altstadt e. V. (Hg.): Aufrisse. Nr. 14/1998. Lüneburg: Arbeitskreis Lüneburger Altstadt e. V., S. 19–25.

POMP, Curt H. (1999): Vorwort. In: Arbeitskreis Lüneburger Altstadt e. V. (Hg.): Aufrisse. Nr. 15/1999. Lüneburg: Arbeitskreis Lüneburger Altstadt e. V., S. 2–3.

POMP, Curt H. (2001a): Rettung der Westlichen Altstadt. In: Preuß, Werner H. (Hg.): Stadtentwicklung und Architektur – Lüneburg im 20. Jahrhundert. Husum: Husum Druck- und Verlagsgesellschaft, S. 199–206.

POMP, Curt H. (2001b): Vorwort. In: Arbeitskreis Lüneburger Altstadt e. V. (Hg.): Aufrisse. Nr. 17/2001. Lüneburg: Arbeitskreis Lüneburger Altstadt e. V., S. 2–4.

POMP, Curt H. (2003): Vorwort. In: Arbeitskreis Lüneburger Altstadt e. V. (Hg.): Aufrisse. Nr. 20/2003. Lüneburg: Arbeitskreis Lüneburger Altstadt e. V., S. 3–4.

Pomp, Curt H. (2006): Vergessene Traditionen wiederbeleben. In: Arbeitskreis Lüneburger Altstadt e. V. (Hg.): Aufrisse. Nr. 22/2006. Lüneburg: Arbeitskreis Lüneburger Altstadt e. V., S. 43–45.

Pomp, Curt H. (2007/2013): Die Rettung der Salinenreste. In: Preuß, Werner H. (Hg.): ‚… danke, ich muss noch arbeiten!‘ Curt Helm Pomp. Ein Leben für den Denkmalschutz. (Abdruck eines Beitrags von 2007.) Husum: Husum Druck- und Verlagsgesellschaft, S. 47–49.

Pomp, Curt H. (2010): Jahresbericht 2009. Lüneburg: Arbeitskreis Lüneburger Altstadt e. V.

Pomp, Curt H. (2011): Jahresbericht 2010. Lüneburg: Arbeitskreis Lüneburger Altstadt e. V.

Pomp, Curt H. (2012): Portale, Haus- und Innentüren. In: Arbeitskreis Lüneburger Altstadt e. V. (Hg.): Aufrisse. Nr. 27/2012. Lüneburg: Arbeitskreis Lüneburger Altstadt e. V., S. 34–38.

Pomp, Curt H. (2013a): Jahresbericht 2012 des 1. Vorsitzenden. In: Arbeitskreis Lüneburger Altstadt e. V. (Hg.): Jahresbericht 2012. Lüneburg: Arbeitskreis Lüneburger Altstadt e. V.

Pomp, Curt H. (2013b): Unter Ohlingerstraße 7 und 8. In: Arbeitskreis Lüneburger Altstadt e. V. (Hg.): Lüneburg. Die historische Altstadt. Husum: Husum Druck- und Verlagsgesellschaft, S. 147–149.

Pomp, Curt H. (2015): Persönliches Interview am 16. Juli 2015 im ALA-Büro.

Preuss, Werner H. (Hg.) (2001a): Stadtentwicklung und Architektur – Lüneburg im 20. Jahrhundert. Husum: Husum Druck- und Verlagsgesellschaft.

Preuss, Werner H. (2001b): Fritz Schumachers ‚soziale Kunst‘ und seine Beziehung zu Lüneburg. In: Preuß, Werner H. (Hg.): Stadtentwicklung und Architektur – Lüneburg im 20. Jahrhundert. Husum: Husum Druck- und Verlagsgesellschaft, S. 89–100.

Preuss, Werner H. (Hg.) (2013): ‚… danke, ich muss noch arbeiten!‘ Curt Helm Pomp. Ein Leben für den Denkmalschutz. Husum: Husum Druck- und Verlagsgesellschaft.

Reinecke, Wilhelm (1933/1977): Geschichte der Stadt Lüneburg. Erster Band. (Nachdruck der Ausgabe von 1933.) Lüneburg: Heine-Buchhandlung Neubauer.

REINSHAGEN, Volker (2013): ARB – das besondere Planungsbüro. In: Preuß, Werner H. (Hg.): ‚… danke, ich muss noch arbeiten!‘ Curt Helm Pomp. Ein Leben für den Denkmalschutz. Husum: Husum Druck- und Verlagsgesellschaft, S. 62–68.

RIESTRA, Pablo de la (2013): Einführung. In: Arbeitskreis Lüneburger Altstadt e. V. (Hg.): Lüneburg. Die historische Altstadt. Husum: Husum Druck- und Verlagsgesellschaft, S. 7–11.

RING, Edgar (1994): Dendrochronologie – ein Kalender in Holz. In: Arbeitskreis Lüneburger Altstadt e. V. (Hg.): Aufrisse. Nr. 10/1994. Lüneburg: Arbeitskreis Lüneburger Altstadt e. V., S. 33–39.

RING, Edgar (Hg.) (1999a): Archäologie und Bauforschung in Lüneburg. Band 4. Lüneburg: Stadt Lüneburg, Stadtarchäologie.

RING, Edgar (1999b): Denkmalpflege in Lüneburg. In: Ring, Edgar (Hg.): Archäologie und Bauforschung in Lüneburg. Band 4. Lüneburg: Stadt Lüneburg, Stadtarchäologie, S. 7–11.

RING, Edgar (1999c): Denkmalpflege in Lüneburg – Erfahrungen in der Vergangenheit, Ziele für die Zukunft. In: Arbeitskreis Lüneburger Altstadt e. V. (Hg.): Aufrisse. Nr. 15/1999. Lüneburg: Arbeitskreis Lüneburger Altstadt e. V., S. 34–36.

RING, Edgar (2005): Stadtarchäologie in Lüneburg. In: Archäologische Kommission für Niedersachsen e. V.; Niedersächsisches Landesamt für Denkmalpflege (Hg.): Nachrichten aus Niedersachsens Urgeschichte (NNU). Band 74. Stuttgart: Konrad Theiss Verlag, S. 47–49.

RING, Edgar (2009): Stadtarchäologie in Lüneburg – ein Beitrag zur Neuzeitarchäologie. In: Institute of the History of Latvia at the University of Latvia; Museum of the History of Riga and Navigation (Hg.): The Hansa Town Riga as Mediator between East and West. Riga: Institute of the History of Latvia Publishers, S. 190–200.

RING, Edgar (2010): Die Entwicklung der Denkmalpflege in Lüneburg seit den 1980er Jahren. In: Arbeitskreis für Hausforschung (Hg.): Rathäuser und andere kommunale Bauten. Jahrbuch für Hausforschung. Band 60. Marburg: Jonas Verlag, S. 13–19.

RING, Edgar (2012): Neuzeitarchäologie in der Hansestadt Lüneburg – eine interdisziplinäre und interinstitutionelle Aufgabe. In: Müller, Ulrich

(Hg.): Neue Zeiten. Stand und Perspektiven der Neuzeitarchäologie in Norddeutschland. Bonn: Verlag Dr. Rudolf Habelt GmbH, S. 267–272.

Ruland, Ricarda (2011): Die Rolle des historischen Erbes in der Stadtentwicklung in Deutschland. In: Informationen zur Raumentwicklung. Heft 3/4.2011. Bonn: BBR, S. 183–191.

Rümelin, Hansjörg (2009): St. Nicolai in Lüneburg. Bauen in einer norddeutschen Hansestadt 1405–1840. Hannover: Hahn.

Schubert, Hellmut (1967a): Generalverkehrsplan Lüneburg (Erläuterungsbericht). Aufgestellt im Auftrag der Stadt Lüneburg [Lüneburger Stadtarchiv Signatur: AD/A VI 12^1].

Schubert, Hellmut (1967b): Generalverkehrsplan Lüneburg (Abbildungen). Aufgestellt im Auftrag der Stadt Lüneburg [Lüneburger Stadtarchiv Signatur: AD/A VI 12^2].

Schubert, Hellmut (1975a): Generalverkehrsplan Stadt Lüneburg 1975 (Erläuterungsbericht). Aufgestellt im Auftrag der Stadt Lüneburg 1973/75 [Lüneburger Stadtarchiv Signatur: AD/A VI 13^1].

Schubert, Hellmut (1975b): Generalverkehrsplan Stadt Lüneburg 1975 (Abbildungen). Aufgestellt im Auftrag der Stadt Lüneburg 1973/75 [Lüneburger Stadtarchiv Signatur: AD/A VI 13^2].

Schüler, Jörg (1985): Alte Lüneburger Straßenlaterne setzt sich langsam durch... . In: Arbeitskreis Lüneburger Altstadt e. V. (Hg.): Aufrisse. Nr. 6/1985. Lüneburg: Arbeitskreis Lüneburger Altstadt e. V., S. 9–10.

Schüler, Jörg (2013): Ein Glücksfall für Lüneburg. In: Preuß, Werner H. (Hg.): ‚… danke, ich muss noch arbeiten!‘ Curt Helm Pomp. Ein Leben für den Denkmalschutz. Husum: Husum Druck- und Verlagsgesellschaft, S. 24–25.

Sellen, Hans-H. (2012): Verkehrsplanung der Nachkriegszeit in Lüneburg. In: Arbeitskreis Lüneburger Altstadt e. V. (Hg.): Aufrisse. Nr. 27/2012. Lüneburg: Arbeitskreis Lüneburger Altstadt. Lüneburg: Arbeitskreis Lüneburger Altstadt e. V., S. 52–68.

Sellen, Hans-H. (2013a): Anhang. In: Arbeitskreis Lüneburger Altstadt e. V. (Hg.): Lüneburg. Die historische Altstadt. Husum: Husum Druck- und Verlagsgesellschaft, S. 200–202.

Sellen, Hans-H. (2013b): Aus der ALA-Vereinsgeschichte. In: Arbeitskreis Lüneburger Altstadt e. V. (Hg.): Aufrisse. Nr. 28/2013. Lüneburg: Arbeitskreis Lüneburger Altstadt. Lüneburg: Arbeitskreis Lüneburger Altstadt e. V., S. 78–79.

Sellen, Hans-H. (2013c): Wetterfahnen. In: Arbeitskreis Lüneburger Altstadt e. V. (Hg.): Lüneburg. Die historische Altstadt. Husum: Husum Druck- und Verlagsgesellschaft, S. 182–183.

Sirocko, Frank (2012): 3. Senkungen in Lüneburg. Verfügbar unter http://www.geologie-lueneburg.de/download/03_Senkungen_in_Lueneburg_Sirocko_2012.pdf [Stand: 12.08.2015].

Sirocko, Frank (2014): Geologie Lüneburg. Verfügbar unter http://www.geologie-lueneburg.de/index.htm [Stand: 24.07.2015].

Stadt Lüneburg (1964a): Niederschrift über die Sitzung des Grünanlagenausschusses – zugleich für Stadtbildgestaltung – am Montag, dem 3.2.1964, im Dienstzimmer des Stadtbaurates [Lüneburger Stadtarchiv Signatur: VA2 1323].

Stadt Lüneburg (1964b): Niederschrift über die Sitzung des Stadtbildpflegeausschusses am Montag, dem 7. 12. 1964, in der kleinen Kommissionsstube des Rathauses [Lüneburger Stadtarchiv Signatur: VA2 1323].

Stadt Lüneburg (1976a): Niederschrift über die 25. Sitzung des Stadtbildpflegesausschusses, 1976 [Lüneburger Stadtarchiv Signatur: VA2 1324/2].

Stadt Lüneburg (1976b): Niederschrift über die 29. Sitzung des Stadtbildpflegesausschusses, 1976 [Lüneburger Stadtarchiv Signatur: VA2 1324/2].

Stadt Lüneburg (1976c): Niederschrift über die 1. Sitzung des Stadtbildpflegesausschusses, 1976 [Lüneburger Stadtarchiv Signatur: VA2 1324/2].

Stadt Lüneburg (1976d): Niederschrift über die 2. Sitzung des Stadtbildpflegesausschusses, 1976 [Lüneburger Stadtarchiv Signatur: VA2 1324/2].

Stelljes, Hans H. (1967): Vorwort. In: Schubert, Hellmut: Generalverkehrsplan Lüneburg (Erläuterungsbericht). Aufgestellt im Auftrag der Stadt Lüneburg [Lüneburger Stadtarchiv Signatur: AD/A VI 121].

Stiens, Hans-Jürgen (2001): Planen, Gestalten und Bauen – Beispiele der Stadtentwicklung in den 80er und 90er Jahren. In: Preuß, Werner H. (Hg.): Stadtentwicklung und Architektur – Lüneburg im 20. Jahrhundert. Husum: Husum Druck- und Verlagsgesellschaft, S. 183–198.

TERLAU-FRIEMANN, Karoline (1994): Lüneburger Patrizierarchitektur des 14. bis 16. Jahrhunderts. Ein Beitrag zur Bautradition einer städtischen Oberschicht. Lüneburg: Museumsverein für das Fürstentum Lüneburg.

TILLE, Dagmar; PRÖMMEL, Jan (2008): Einführung. In: BMVBS; BBR (Hg.): Gute Beispiele – Private Initiative im Städtebaulichen Denkmalschutz – Handlungsleitfaden. Erkner, S. 4–8.

WHITON, Inga (2013): Gespräch über Alte Handwerkerstraße und Christmarkt. In: Preuß, Werner H. (Hg.): ,… danke, ich muss noch arbeiten!' Curt Helm Pomp. Ein Leben für den Denkmalschutz. Husum: Husum Druck- und Verlagsgesellschaft, S. 56–58.

WICHMANN, Jan C. (1987/1990): Kalandstraße – Abriß auf Raten … In: Arbeitskreis Lüneburger Altstadt e. V. (Hg.): Aufrisse. Nr. 7/1990. (Abdruck eines Beitrags von 1987.) Lüneburg: Arbeitskreis Lüneburger Altstadt e. V., S. 27–29.

WINGHART, Stefan (Hg.) (2010): Denkmaltopographie Bundesrepublik Deutschland. Baudenkmale in Niedersachsen Band 22.1. Petersberg: Michael Imhof Verlag.

WISKOTT, Bernt (2001): Planungsgeschichte der Westlichen Altstadt seit 1945. In: Preuß, Werner H. (Hg.): Stadtentwicklung und Architektur – Lüneburg im 20. Jahrhundert. Husum: Husum Druck- und Verlagsgesellschaft, S. 175–182.

Gesetzestexte und Satzungen

Niedersächsisches Denkmalschutzgesetz vom 30.05.1978 (Nds. GVBl, S. 517), zuletzt geändert durch Art. 1 des Gesetzes zur Änderung des Niedersächsischen Denkmalschutzgesetzes vom 26.05.2011 (Nds. GVBl, S. 135).

Vereinssatzung „Arbeitskreis Lüneburger Altstadt e. V." – Sitz Lüneburg, zuletzt geändert 06/2013.

Örtliche Bauvorschrift der Hansestadt Lüneburg über die Gestaltung von baulichen und technischen Anlagen sowie Werbeanlagen zum Schutz der Altstadt Lüneburgs. Veröffentlicht am 02.01.2014 im Amtsblatt für den Landkreis Lüneburg Nr. 1/2014.

Anhang

Tabelle zur Kartierung

Zustand	Adresse	Eigentümer	Quelle
Erhaltung	Alter Kran	Stadt Lüneburg	Aufrisse Nr. 15 (1999): 2
Erhaltung	Am Berge 37	unbekannt	Jahresbericht 2010 (2011): 2 und Lüneburg. Die historische Altstadt (2013): 82
Erhaltung	Am Iflock 4	ALA e. V.	Aufrisse Nr. 8 (1992): 3–10
Erhaltung	Am Iflock 8	Fam. Drögemüller (ALA)	Aufrisse Nr. 10 (1994): 53
Erhaltung	Am Stintmarkt 7	ALA-Mitglied	Aufrisse Nr. 5 (1982): 11
Erhaltung	Am Werder 11	ALA-Mitglied	Aufrisse Nr. 5 (1982): 13
Erhaltung	Auf dem Kauf 6	ALA-Mitglied	Aufrisse Nr. 5 (1982): 12
Erhaltung	Auf dem Kauf 16	ALA-Mitglied	Aufrisse Nr. 5 (1982): 12
Erhaltung	Auf dem Meere 7	Familie Günzel (ALA)	Aufrisse Nr. 2 (1977): 14
Erhaltung	Auf dem Meere 8	ALA-Mitglied	Aufrisse Nr. 5 (1982): 11
Erhaltung	Auf dem Meere 10	ALA-Mitglied	Aufrisse Nr. 1 (1976): 5; Nr. 5 (1982): 11 und Lüneburg. Die historische Altstadt (2013): 99–100
Erhaltung	Auf dem Meere 28	Familie Lynen (ALA)	Aufrisse Nr. 2 (1977): 14
Erhaltung	Auf dem Meere 29	ALA-Mitglied	Aufrisse Nr. 5 (1982): 11
Erhaltung	Auf dem Meere 30	ALA-Mitglied	Aufrisse Nr. 5 (1982): 10
Erhaltung	Auf dem Meere 31	Familie Hencke (ALA)	Aufrisse Nr. 1 (1976): 11 und Nr. 5 (1982): 9

Zustand	Adresse	Eigentümer	Quelle
Erhaltung	Auf dem Meere 40	Renke Brünjes (ALA)	Aufrisse Nr. 2 (1977): 11
Erhaltung	Bardowicker Str. 20	ALA-Mitglied	Aufrisse Nr. 5 (1982): 9–10
Erhaltung	Bardowicker Str. 25	ALA-Mitglied	Aufrisse Nr. 5 (1982): 10
Erhaltung	Baumstr. 3	Hansen/Prigge (ALA)	Aufrisse Nr. 11 (1995): 75–77; Nr. 16 (2000): 34–36; Nr. 18 (2002): 30 und Lüneburg. Die historische Altstadt (2013): 110–112
Erhaltung	Bei der St. Nikolaikirche 3	ALA-Mitglied	Aufrisse Nr. 5 (1982): 12
Erhaltung	Bei der Ratsmühle 7	Herbert Kuvecke	Aufrisse Nr. 3 (1978): 8 und Nr. 5 (1982): 10
Erhaltung	Grapengießerstr. 45	unbekannt	Aufrisse Nr. 26 (2011): 1; Jahresbericht 2010 (2011): 2 und Lüneburg. Die historische Altstadt (2013): 118–119
Erhaltung	Heiligengeiststr. 34	ALA-Mitglied	Aufrisse Nr. 5 (1982): 10
Erhaltung	Hinter dem Brunnen 6	unbekannt	Lüneburg. Die historische Altstadt (2013): 125
Erhaltung	In der Techt 5	ALA-Mitglied	Aufrisse Nr. 5 (1982): 12
Erhaltung	In der Techt 7	ALA-Mitglied	Aufrisse Nr. 5 (1982): 12
Erhaltung	Johann-Sebastian-Bach-Platz 15	ALA-Mitglied	Aufrisse Nr. 5 (1982): 9
Erhaltung	Johann-Sebastian-Bach-Platz 6	Familie Bulgrin (ALA)	Aufrisse Nr. 11 (1995): 51
Erhaltung	Kalandstr. 29/31	unbekannt	Lüneburg. Die historische Altstadt (2013): 129
Erhaltung	Koltmannstr. 2	Meyer/Rieger (ALA)	Aufrisse Nr. 5 (1982): 13

Zustand	Adresse	Eigentümer	Quelle
Erhaltung	Koltmannstr. 7	ALA-Mitglied	Aufrisse Nr. 5 (1982): 13
Erhaltung	Lünertorstr. 1	ALA-Mitglied	Aufrisse Nr. 5 (1982): 11
Erhaltung	Neue Str. 10	ALA-Mitglied	Aufrisse Nr. 5 (1982): 10
Erhaltung	Neue Str. 22	ALA-Mitglied	Aufrisse Nr. 5 (1982): 9
Erhaltung	Neue Str. 6/7	unbekannt	Aufrisse Nr. 10 (1994): 52
Erhaltung	Neue Sülze 2	Otto Schwarz (ALA), Kahle	Aufrisse Nr. 19 (2003): 3 und Nr. 20 (2004): 4
Erhaltung	Obere Ohlingerstr. 13	ALA-Mitglied	Aufrisse Nr. 5 (1982): 10
Erhaltung	Obere Schrangenstr. 2	ALA-Mitglied	Aufrisse Nr. 5 (1982): 9
Erhaltung	Rotehahnstr. 1	Fabiunke (ALA-Mitglied)	Aufrisse Nr. 5 (1982): 12
Erhaltung	Schlägertwiete 5	ALA-Mitglied	Aufrisse Nr. 5 (1982): 12
Erhaltung	Untere Ohlingerstr. 2	Hans-Ulrich Neuhaus (ALA)	Aufrisse Nr. 1 (1976): 5
Erhaltung	Untere Ohlingerstr. 3	ALA-Mitglied	Aufrisse Nr. 2 (1977): 11 und Nr. 5 (1982): 11
Erhaltung	Untere Ohlingerstr. 4	ALA-Mitglied	Aufrisse Nr. 2 (1977): 11
Erhaltung	Untere Ohlingerstr. 5	ALA-Mitglied	Aufrisse Nr. 5 (1982): 11
Erhaltung	Untere Ohlingerstr. 7	Curt H. Pomp (ALA)	Aufrisse Nr. 1 (1976): 5; Nr. 5 (1982): 10 und Nr. 11 (1995): 51
Erhaltung	Untere Ohlingerstr. 8	ALA-Mitglied	Aufrisse Nr. 1 (1976): 5; Nr. 5 (1982): 10 und Nr. 18 (2002): 18
Erhaltung	Untere Ohlingerstr. 9	ALA-Mitglied	Aufrisse Nr. 5 (1982): 10

Zustand	Adresse	Eigentümer	Quelle
Erhaltung	Untere Ohlingerstr. 20	Familie Henschke (ALA)	Aufrisse Nr. 9 (1993): 33
Erhaltung	Untere Ohlingerstr. 35	Uwe Görner	Aufrisse Nr. 1 (1976): 5
Erhaltung	Untere Schrangenstr. 18	ALA-Mitglied	Aufrisse Nr. 5 (1982): 12
Erhaltung	Untere Schrangenstr. 19	ALA-Mitglied	Aufrisse Nr. 5 (1982): 12
Rettung	Am Berge 14	Stadt Lüneburg	Lüneburg. Die historische Altstadt (2013): 79
Rettung	Am Berge 35 (Brömsehaus)	Carl-Schirren-Gesellschaft	Aufrisse Nr. 2 (1977): 14 und Info-Brief 3 (2013): 2
Rettung	Auf dem Meere 9	unbekannt	Lüneburg. Die historische Altstadt (2013): 99
Rettung	Egersdorffstr. 1a (Haus der Stadtsyndici)	unbekannt	Aufrisse Nr. 10 (1994): 52 und Nr. 11 (1995): 2
Rettung	Heiligengeiststr. 30	unbekannt	Lüneburg. Die historische Altstadt (2013): 122
Rettung	Neue Sülze 3	unbekannt	Lüneburg. Die historische Altstadt (2013): 134–135
Rettung	Salzbrückerstr. 71	unbekannt	Aufrisse Nr. 1 (1976): 12 und Nr. 20 (2004): 4
Rettung	Salzbrückerstr. 71a	unbekannt	Aufrisse Nr. 1 (1976): 12
Rettung	Salzstr. 23	unbekannt	Aufrisse Nr. 27 (2012): 30; 43-44 und Lüneburg. Die historische Altstadt (2013): 143
Rettung	Schröderstr. 16/18	unbekannt	Lüneburg. Die historische Altstadt (2013): 145
Zuschuss	An der Münze 7 (Musikschule)	Stadt	Aufrisse Nr. 24 (2008): 39 und Lüneburg. Die historische Altstadt (2013): 96–97
Zuschuss	Auf dem Meere 11	Christian Burgdorff (ALA)	Aufrisse Nr. 17 (2001): 15; Nr. 18 (2002): 32 und Lüneburg. Die historische Altstadt (2013): 100–101

Zustand	Adresse	Eigentümer	Quelle
Zuschuss	Auf dem Meere 17	unbekannt	Aufrisse Nr. 15 (1999): 17 und Lüneburg. Die historische Altstadt (2013): 178
Zuschuss	Bei der Ratsmühle 19 (Wasserturm)	Stadt Lüneburg	Aufrisse Nr. 9 (1993): 33 und Lüneburg. Die historische Altstadt (2013): 159–160
Zuschuss	Hinter der Bardowicker Mauer 5	unbekannt	Lüneburg. Die historische Altstadt (2013): 178–179
Zuschuss	Lüner Str. 8	unbekannt	Lüneburg. Die historische Altstadt (2013): 131
Zuschuss	Schlägertwiete 5b	unbekannt	Info-Brief 4 (2014): 1–2
Zuschuss	Schröderstr. 7	unbekannt	Info-Brief 4 (2014): 2
Zuschuss	Untere Ohlingerstr. 25	unbekannt	Aufrisse Nr. 24 (2008): 39
Abriss	Am Berge 12	Karstadt	Abriss-Kalender (2014): 2
Abriss	Am Berge 13	Karstadt	Abriss-Kalender (2014): 2
Abriss	Am Berge 18	C&A	Aufrisse Nr. 13 (1997): 43
Abriss	Am Berge 40	unbekannt	Abriss-Kalender (2014): 3
Abriss	Am Graalwall (Mittelschule)	Stadt Lüneburg	Aufrisse Nr. 26 (2011): 54
Abriss	Am Graalwall (Scheune & Kutschenhaus)	unbekannt	Abriss-Kalender (2014): 4
Abriss	Am Graalwall 4 (Justizgebäude)	Stadt Lüneburg	Aufrisse Nr. 26 (2011): 53
Abriss	Am Iflock 15	unbekannt	Ferger-Gerlach (1981): 309

Zustand	Adresse	Eigentümer	Quelle
Abriss	Am Markt 2	Stadtsparkasse	Aufrisse Nr. 26 (2011): 65 und Nr. 28 (2013): 76
Abriss	Am Sande 13	Sparkasse Lüneburg	Abriss-Kalender (2014): 8
Abriss	Am Sande 17	unbekannt	Abriss-Kalender (2014): 9 und Aufrisse Nr. 3 (1978): 2
Abriss	Am Sande 48	unbekannt	Abriss-Kalender (2014): 10
Abriss	Am Werder 26	unbekannt	Abriss-Kalender (2014): 12
Abriss	An den Brodbänken 2	unbekannt	Abriss-Kalender (2014): 13
Abriss	An den Brodbänken 8	unbekannt	Abriss-Kalender (2014): 14
Abriss	An der Münze 4	unbekannt	Abriss-Kalender (2014): 15
Abriss	An der Münze 5	Kreissparkasse	Abriss-Kalender (2014): 16
Abriss	An der Münze 6	Kreissparkasse	Abriss-Kalender (2014): 17
Abriss	Auf dem Kauf 1	unbekannt	Aufrisse Nr. 1 (1976): 7 und Abriss-Kalender (2014): 19
Abriss	Auf dem Kauf 2	unbekannt	Abriss-Kalender (2014): 19
Abriss	Auf dem Kauf 3	unbekannt	Abriss-Kalender (2014): 19
Abriss	Auf dem Meere 13	unbekannt	Abriss-Kalender (2014): 20 und Aufrisse Nr. 19 (2003): 7
Abriss	Auf dem Meere 14/15	SPD	Abriss-Kalender (2014): 21 und Aufrisse Nr. 19 (2003): 6
Abriss	Auf dem Meere 32	unbekannt	Ferger-Gerlach (1981): 309
Abriss	Auf dem Meere 33	unbekannt	Ferger-Gerlach (1981): 309

Zustand	Adresse	Eigentümer	Quelle
Abriss	Auf dem Meere 34	unbekannt	Abriss-Kalender (2014): 22 und Ferger-Gerlach (1981): 309
Abriss	Auf dem Meere 35	unbekannt	Abriss-Kalender (2014): 23 und Aufrisse Nr. 26 (2011): 66
Abriss	Auf dem Wüstenort 13	C&A	Abriss-Kalender (2014): 27
Abriss	Auf dem Wüstenort 16	unbekannt	Abriss-Kalender (2014): 28
Abriss	Auf dem Wüstenort 17	Karstadt	Abriss-Kalender (2014): 29
Abriss	Auf dem Wüstenort 4/5	unbekannt	Abriss-Kalender (2014): 24
Abriss	Auf dem Wüstenort 8	C&A	Abriss-Kalender (2014): 26 und Aufrisse Nr. 28 (2013): 56
Abriss	Auf dem Wüstenort 9	C&A	Abriss-Kalender (2014): 26 und Aufrisse Nr. 28 (2013): 56
Abriss	Auf der Altstadt 12	Stadt Lüneburg	Abriss-Kalender (2014): 32
Abriss	Auf der Altstadt 48	unbekannt	Abriss-Kalender (2014): 33
Abriss	Auf der Altstadt 5	unbekannt	Abriss-Kalender (2014): 30
Abriss	Auf der Altstadt 50	unbekannt	Abriss-Kalender (2014): 34
Abriss	Auf der Altstadt 51	unbekannt	Abriss-Kalender (2014): 35
Abriss	Auf der Altstadt 7	Stadt Lüneburg	Abriss-Kalender (2014): 31
Abriss	Auf der Rübekuhle 28	unbekannt	Abriss-Kalender (2014): 36
Abriss	Auf der Rübekuhle 6	unbekannt	Ferger-Gerlach (1981): 309
Abriss	Auf der Saline	Saline	Abriss-Kalender (2014): 37

Zustand	Adresse	Eigentümer	Quelle
Abriss	Bardowicker Str. 1	Firma Grote	Abriss-Kalender (2014): 39
Abriss	Bardowicker Str. 21	Stadt Lüneburg	Abriss-Kalender (2014): 41
Abriss	Bardowicker Str. 6 (früher 5)	Deutsche Bank	Aufrisse Nr. 2 (1977): 12 und Abriss-Kalender (2014): 40
Abriss	Baumstr. 17	Firma Anker	Abriss-Kalender (2014): 42
Abriss	Bei der St. Lambertikirche 12	unbekannt	Abriss-Kalender (2014): 45
Abriss	Bei der St. Lambertikirche 8	unbekannt	Abriss-Kalender (2014): 43
Abriss	Bei der St. Lambertikirche 9	unbekannt	Abriss-Kalender (2014): 44
Abriss	Beim Benedikt 2	unbekannt	Abriss-Kalender (2014): 46–47
Abriss	Burmeisterstraße 6	Stadt	Aufrisse Nr. 21 (2005): 12
Abriss	Conventstr. 2	unbekannt	Abriss-Kalender (2014): 48
Abriss	Egersdorffstr. 1	Stadt Lüneburg	Abriss-Kalender (2014): 50
Abriss	Egersdorffstr. 3	Stadt Lüneburg	Abriss-Kalender (2014): 51
Abriss	Glockenstr. 1	Stadt Lüneburg	Abriss-Kalender (2014): 53
Abriss	Glockenstr. 5/6	C&A	Abriss-Kalender (2014): 54
Abriss	Glockenstr. 8	C&A	Aufrisse Nr. 28 (2013): 55
Abriss	Görgesstr. 5	unbekannt	Abriss-Kalender (2014): 55
Abriss	Grapengießerstr. 1	unbekannt	Abriss-Kalender (2014): 56

Zustand	Adresse	Eigentümer	Quelle
Abriss	Grapengießerstr. 17	unbekannt	Abriss-Kalender (2014): 57
Abriss	Grapengießerstr. 2	unbekannt	Abriss-Kalender (2014): 56
Abriss	Grapengießerstr. 21	unbekannt	Abriss-Kalender (2014): 58
Abriss	Grapengießerstr. 36/37	unbekannt	Abriss-Kalender (2014): 59
Abriss	Grapengießerstr. 39a	Schinzel-Projekt	Abriss-Kalender (2014): 60 und Aufrisse Nr. 11 (1995): 62
Abriss	Grapengießerstr. 39b	Schinzel-Projekt	Abriss-Kalender (2014): 60 und Aufrisse Nr. 11 (1995): 62
Abriss	Grapengießerstr. 40	Schinzel-Projekt	Abriss-Kalender (2014): 61 und Aufrisse Nr. 11 (1995) 62
Abriss	Grapengießerstr. 41	unbekannt	Abriss-Kalender (2014): 62
Abriss	Grapengießerstr. 42	unbekannt	Aufrisse Nr. 2 (1977): 15
Abriss	Grapengießerstr. 44	Gebrüder Piper	Abriss-Kalender (2014): 63 und Aufrisse Nr. 11 (1995): 63
Abriss	Grapengießerstr. 52	IHK	Abriss-Kalender (2014): 64
Abriss	Große Bäckerstr. 32	unbekannt	Abriss-Kalender (2014): 65
Abriss	Gummastr. 1	Landeszentralbank	Abriss-Kalender (2014): 66
Abriss	Haagestr. 2	unbekannt	Abriss-Kalender (2014): 67
Abriss	Haagestr. 3-5	unbekannt	Aufrisse Nr. 24 (2008): 16
Abriss	Heiligengeiststr. 12	Benachbarte Fleischfabrik?	Abriss-Kalender (2014): 69

Zustand	Adresse	Eigentümer	Quelle
Abriss	Heiligengeiststr. 15	Schinzel-Projekt	Abriss-Kalender (2014): 70 und Aufrisse Nr. 11 (1995): 62
Abriss	Heiligengeiststr. 16	Schinzel-Projekt	Abriss-Kalender (2014): 70 und Aufrisse Nr. 11 (1995): 62
Abriss	Heiligengeiststr. 17	Schinzel-Projekt	Aufrisse Nr. 11 (1995): 62
Abriss	Heiligengeiststr. 18a (Gartenhaus)	Schinzel-Projekt	Abriss-Kalender (2014): 71; Aufrisse Nr. 7 (1990): 30 und Nr. 11 (1995): 62
Abriss	Heiligengeiststr. 20	unbekannt	Abriss-Kalender (2014): 72
Abriss	Heiligengeiststr. 29	Gewerkschaft	Abriss-Kalender (2014): 73
Abriss	Heiligengeiststr. 31	unbekannt	Abriss-Kalender (2014): 74
Abriss	Heiligengeiststr. 35	unbekannt	Abriss-Kalender (2014): 75
Abriss	Hindenburgstr. 1a	Penny	Aufrisse Nr. 5 (1982): 17
Abriss	Hindenburgstr. 23	Rolf Süllow	Abriss-Kalender (2014): 76
Abriss	Hinter der Bardowicker Mauer	unbekannt	Abriss-Kalender (2014): 77
Abriss	Im Wendischen Dorfe 1	Firma Anker	Abriss-Kalender (2014): 81 und Aufrisse Nr. 7 (1990): 34
Abriss	Im Wendischen Dorfe 2	unbekannt	Abriss-Kalender (2014): 82
Abriss	Im Wendischen Dorfe 28	unbekannt	Abriss-Kalender (2014): 83
Abriss	Im Wendischen Dorfe 3	unbekannt	Abriss-Kalender (2014): 79

Zustand	Adresse	Eigentümer	Quelle
Abriss	Kalandstr. 10/11	unbekannt	Abriss-Kalender (2014): 85
Abriss	Kalandstr. 17	unbekannt	Abriss-Kalender (2014): 86
Abriss	Kalandstr. 18	unbekannt	Aufrisse Nr. 7 (1990): 29
Abriss	Kalandstr. 19	unbekannt	Abriss-Kalender (2014): 87 und Aufrisse Nr. 7 (1990): 29
Abriss	Kalandstr. 20	Nordland-Druck GmbH	Abriss-Kalender (2014): 87 und Aufrisse Nr. 7 (1990): 27–28
Abriss	Kalandstr. 21	Nordland-Druck GmbH	Aufrisse Nr. 7 (1990) 27–28
Abriss	Kalandstr. 22	Nordland-Druck GmbH	Aufrisse Nr. 7 (1990) 27–28
Abriss	Katzenstr. 4	unbekannt	Aufrisse Nr. 7 (1990) 6
Abriss	Kaufhausstr. 1	unbekannt	Abriss-Kalender (2014): 88
Abriss	Kleine Bäckerstr. 3	unbekannt	Abriss-Kalender (2014): 89
Abriss	Klostergang 7	unbekannt	Ferger-Gerlach (1981): 309
Abriss	Lüner Str. 5 (Hofgebäude)	Eigentümer Bremer Hof	Abriss-Kalender (2014): 93
Abriss	Lünertorstr. 22	Stadt Lüneburg	Abriss-Kalender (2014): 94
Abriss	Neue Str. 11	Stadt Lüneburg	Abriss-Kalender (2014): 95
Abriss	Neue Str. 11a	Stadt Lüneburg	Abriss-Kalender (2014): 96
Abriss	Neue Sülze 1	Stadt Lüneburg	Abriss-Kalender (2014): 97
Abriss	Neue Sülze 10 (Edison-Theater)	unbekannt	Aufrisse Nr. 27 (2012): 31 und Nr. 26 (2011): 52

Zustand	Adresse	Eigentümer	Quelle
Abriss	Neue Sülze 15	Stadt Lüneburg	Abriss-Kalender (2014): 101
Abriss	Neue Sülze 16	Stadt Lüneburg	Abriss-Kalender (2014): 101 und Aufrisse Nr. 27 (2012): 31
Abriss	Neue Sülze 17	Stadt Lüneburg	Abriss-Kalender (2014): 102 und Aufrisse Nr. 27 (2012): 31
Abriss	Neue Sülze 23	unbekannt	Abriss-Kalender (2014): 103
Abriss	Neue Sülze 25	Investoren	Aufrisse Nr. 7 (1990): 7
Abriss	Neue Sülze 26	Investoren	Aufrisse Nr. 7 (1990): 7 und Nr. 13 (1997): 25
Abriss	Neue Sülze 27	unbekannt	Abriss-Kalender (2014): 104
Abriss	Neue Sülze 30	Kreissparkasse	Abriss-Kalender (2014): 106
Abriss	Neue Sülze 4a	Stadt Lüneburg	Abriss-Kalender (2014): 98 und Aufrisse Nr. 7 (1990): 6
Abriss	Neue Sülze 5/6	unbekannt	Ferger-Gerlach (1981): 309
Abriss	Neue Sülze 8	Stadt Lüneburg	Abriss-Kalender (2014): 99; Aufrisse Nr. 10 (1994): 11; Nr. 17 (2001): 32 und Nr. 26 (2011): 51
Abriss	Neue Sülze 9	unbekannt	Aufrisse Nr. 26 (2011): 51 und Abriss-Kalender (2014): 100
Abriss	Obere Ohlingerstr. 18/19	unbekannt	Abriss-Kalender (2014): 108
Abriss	Obere Ohlingerstr. 4 (jetzt 1)	unbekannt	Abriss-Kalender (2014): 107
Abriss	Obere Schrangenstr. 13	unbekannt	Abriss-Kalender (2014): 110

Zustand	Adresse	Eigentümer	Quelle
Abriss	Obere Schrangenstr. 14	unbekannt	Abriss-Kalender (2014): 110
Abriss	Obere Schrangenstr. 15	unbekannt	Abriss-Kalender (2014): 110
Abriss	Obere Schrangenstr. 4	unbekannt	Abriss-Kalender (2014): 109
Abriss	Remise hinter Kalandstraße	Nordland-Druck GmbH	Aufrisse Nr. 8 (1992): 36
Abriss	Rote Str. 8	unbekannt	Abriss-Kalender (2014): 111
Abriss	Rote Str. 9a	unbekannt	Abriss-Kalender (2014): 112
Abriss	Rotehahnstr. 3	unbekannt	Abriss-Kalender (2014): 113
Abriss	Rotehahnstr. 4	unbekannt	Abriss-Kalender (2014): 113
Abriss	Salzbrückerstr. 1	unbekannt	Aufrisse Nr. 11 (1995): 61
Abriss	Salzbrückerstr. 13/14	unbekannt	Ferger-Gerlach (1981): 309
Abriss	Salzbrückerstr. 18	unbekannt	Abriss-Kalender (2014): 115
Abriss	Salzbrückerstr. 19	Stadt Lüneburg	Abriss-Kalender (2014): 116
Abriss	Salzbrückerstr. 2	unbekannt	Aufrisse Nr. 11 (1995): 61
Abriss	Salzbrückerstr. 21/22	unbekannt	Abriss-Kalender (2014): 118
Abriss	Salzbrückerstr. 3	unbekannt	Aufrisse Nr. 11 (1995): 61
Abriss	Salzbrückerstr. 4	unbekannt	Aufrisse Nr. 11 (1995): 61
Abriss	Salzbrückerstr. 42	unbekannt	Abriss-Kalender (2014): 119
Abriss	Salzbrückerstr. 51	unbekannt	Abriss-Kalender (2014): 121
Abriss	Salzbrückerstr. 64	Stadt Lüneburg	Abriss-Kalender (2014): 122

Zustand	Adresse	Eigentümer	Quelle
Abriss	Salzbrückerstr. 65	Stadt Lüneburg	Abriss-Kalender (2014): 123–124
Abriss	Salzbrückerstr. 74	unbekannt	Abriss-Kalender (2014): 125
Abriss	Salzbrückerstr. 8	unbekannt	Aufrisse Nr. 18 (2002): 3
Abriss	Salzbrückerstr. 9	unbekannt	Aufrisse Nr. 18 (2002): 3
Abriss	Salzstr. 11	Stadt Lüneburg	Abriss-Kalender (2014): 127
Abriss	Salzstr. 15	Stadt Lüneburg	Abriss-Kalender (2014): 128
Abriss	Salzstr. 16	Stadt Lüneburg	Abriss-Kalender (2014): 129
Abriss	Salzstr. 17	Stadt Lüneburg	Abriss-Kalender (2014): 130
Abriss	Salzstr. 18	unbekannt	Abriss-Kalender (2014): 131
Abriss	Salzstr. 21	unbekannt	Aufrisse Nr. 27 (2012): 30; 53
Abriss	Salzstr. 22	unbekannt	Abriss-Kalender (2014): 132 und Aufrisse Nr. 27 (2012): 30; 53
Abriss	Salzstr. 9	Stadt Lüneburg	Abriss-Kalender (2014): 126
Abriss	Sülztorstr. (Saline)	Saline	Abriss-Kalender (2014): 135
Abriss	Sülztorstr. 6	Hastra	Abriss-Kalender (2014): 134
Abriss	Untere Ohlingerstr. 2	ALA-Mitglied	Aufrisse Nr. 5 (1982): 11
Abriss	Untere Ohlingerstr. 34/35	Adventgemeinde	Aufrisse Nr. 19 (2003): 9
Abriss	Untere Schrangenstr. 6	unbekannt	Abriss-Kalender (2014): 137
Abriss	Untere Schrangenstr. 7	Firma Hedemann	Abriss-Kalender (2014): 138
Abriss	Untere Schrangenstr. 9	unbekannt	Abriss-Kalender (2014): 139

Zustand	Adresse	Eigentümer	Quelle
Abriss	Viskulenhof	unbekannt	Aufrisse Nr. 7 (1990): 34
Abriss	Vor der Sülze 1	unbekannt	Abriss-Kalender (2014): 141–142
Abriss	Vor der Sülze 2	Stadt Lüneburg	Abriss-Kalender (2014): 143
Abriss	Waagestr. 2	Kreissparkasse	Abriss-Kalender (2014): 144

Zum Weiterlesen empfohlen:

Kennen Sie das? Sie gehen durch die Stadt und plötzlich sehen Sie ein Haus, dessen Fassade Ihre Aufmerksamkeit erregt. Keine glattpolierte Wand, wie Sie sie häufig an modernen Bauten finden, sondern eine Mauer aus rauen Ziegeln, ein Muster aus Fugen und Farben, Spitz- neben Rundbögen. Fragen drängen sich auf: Wie alt ist diese Mauer eigentlich, und wie konnte sie die Zeiten überdauern? Welches Rohmaterial und welche Technik waren für den Bau notwendig? Und wie konnte der schlichte „Backstein" Architekturstile und ganze Regionen miteinander verbinden?

Diesen und weiteren Fragen ging eine Tagung des Bundesverbandes der Deutschen Ziegelindustrie e. V. nach, die 2012 in Lüneburg stattfand. Schlaglichter der Tagung sind in dem vorliegenden Band zusammengefasst.

Die Autor(inn)en beleuchten – entsprechend ihrer jeweiligen Fachrichtungen – Ursprünge und Geschichte der lokalen Baukultur, parallele Entwicklungslinien in Europa sowie technische und materielle Hintergründe. ISBN: 978-3-7357-3961-2. Bestellbar z. B. über BoD.de, amazon.de.

Bisher in dieser Reihe erschienen:

LGS 1   Ines Höpner-Nottorf (2013):
Kreativwirtschaft in Hamburg. Raumbedürfnisse und Raumangebote am Beispiel der Themenimmobilie Karostar und des Oberhafens.
ISBN 978-3-7322-6352-3; Buch 12,80 €, e-Book 8,99 €

LGS 2   Martin Pries und Antje Seidel (Hrsg.) (2014):
Die Backsteinstadt Lüneburg. Ursprünge – Entwicklungslinien – Technikgeschichte.
ISBN 978-3-7357-3961-2; Buch 14,90 €, e-Book 9,99 €

LGS 3   Robert Oschatz (2015):
Soziale Innovationen aus räumlicher Perspektive Eine Untersuchung zur Entwicklung der „Regionalwert AG" unter besonderer Berücksichtigung räumlicher Strukturen.
ISBN 978-3-7386-3790-8; Buch 14,90 €, e-Book 9,99 €

LGS 4   Jonathan Happ (2016):
Auswirkungen der Fairtrade-Zertifizierung auf den afrikanischen Blumenanbau Das Beispiel Naivasha, Kenia.
ISBN 978-3-7392-2581-4; Buch 15,90 €, e-Book 7,49 €

LGS 5   Nadine Stein (2016):
Adoptionsfaktoren der Cradle-to-Cradle-Implementierung in Deutschland. Eine explorative Untersuchung anhand qualitativer Interviews.
ISBN 978-3-7412-6703-1; Buch 13,50 €, e-Book 8,99 €